稻渔综合种养技术汇编

中国水产杂志社　编

中国农业出版社

本 书 编 委 会

本书编写人员

主　　编　肖　乐

副主编　李明爽　隋　然

参编人员　（按姓名笔画排序）

马义军　马巨章　马达文　马建立　王　庆

王　剑　王　浩　王成辉　王金龙　王顺芳

王祖峰　王晓清　王宾贤　邓成方　邓德虎

田　静　朱永安　刘　娟　刘方全　刘德建

汤亚斌　孙　岩　孙世德　李　飞　李月红

李传武　李红岗　李明爽　李　苗　杨虎城

杨保国　肖　乐　吴丽华　何　智　何　斌

何继学　沈蓓杰　宋长太　张正尧　张　鸣

张振东　张朝阳　陈卫新　罗正全　罗洪星

周　浠　周国平　郑立佳　项松平　赵永锋

赵新生　胡　骏　钟君伟　俞爱萍　饶晓军

郭少雅　袁金球　徐加涛　奚业文　陶忠虎

黄恒章　曹　豫　隋　然　彭英海　董在杰

嵇家林　程咸立　舒　蕾　熊　炜　管　标

翟旭亮　潘　莹　潘洪彬　潘海兵　潘新华

前言

为了深入贯彻落实全国农业结构调整座谈会和《农业部关于加快推进渔业转方式调结构的指导意见》的精神，倡导水产养殖绿色发展，推广生态循环农业，普及稻渔综合种养技术，提高水产品质量安全水平，中国水产杂志社在总结近年来稻渔综合种养项目实施基础上，搜集整理了不同区域、不同类型的稻渔综合种养模式，内容包括稻–鱼、稻–蟹、稻–鳖、稻–虾、稻–鳅等。现将这些类型的技术汇集成《稻渔综合种养技术汇编》一书，供广大渔业管理者、渔农技术人员、水稻种植和水产养殖者进行学习、参考和借鉴。

希望通过本书的出版发行，宣传稻渔综合种养技术，传播生态循环农业理念，提升水产品质量的安全水平，促进我国水产养殖业从数量型向质量型、环境友好型转变。

本书在编辑出版过程中，得到了全国部分省市水产技术推广部门及有关专家的大力支持，部分内容由参编人员提供，在此表示衷心感谢！

由于编者水平有限，本书不足之处敬请广大读者批评指正。

编著者

2017年3月

目录

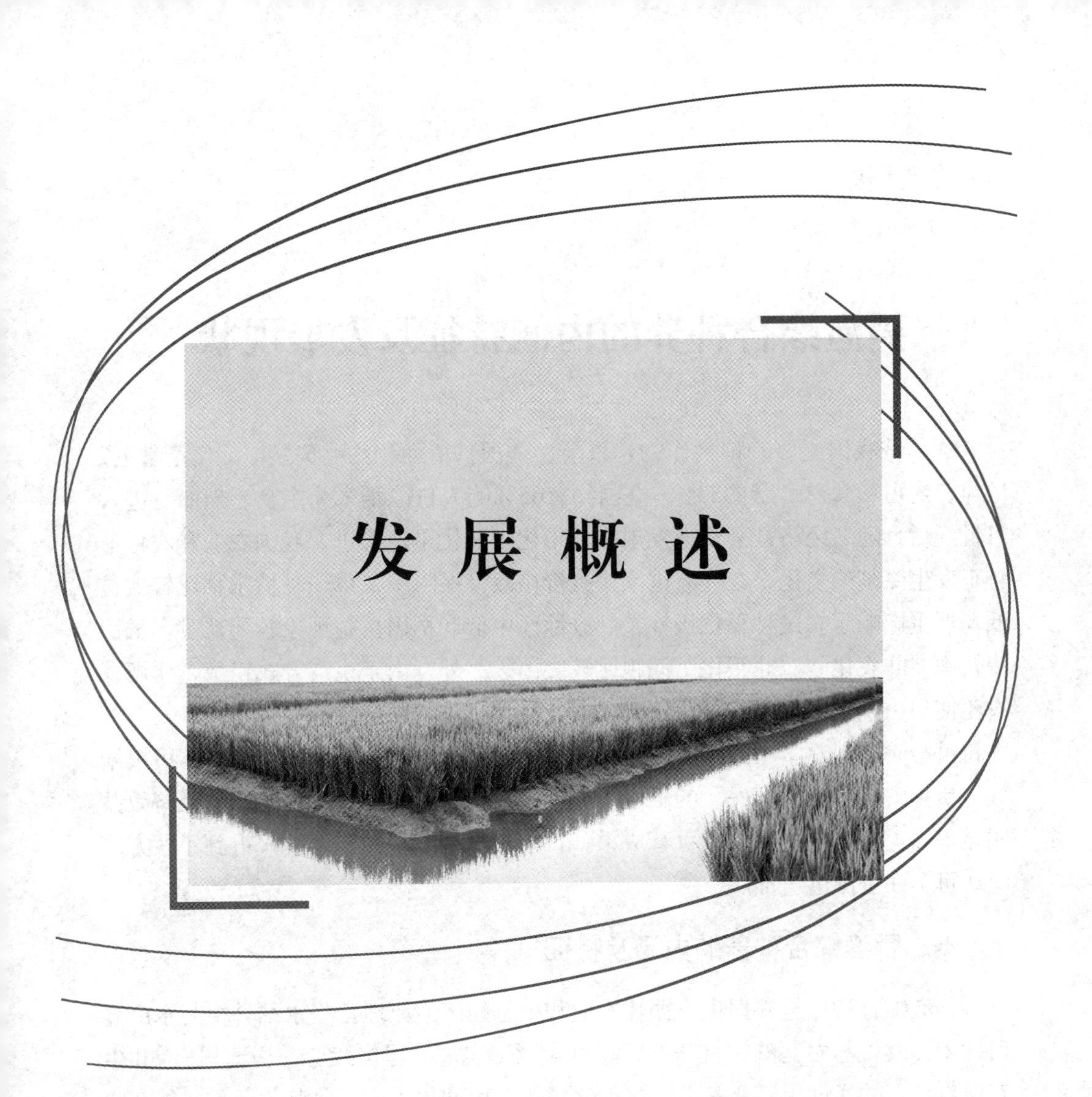

发展概述

稻渔综合种养的内涵特征及发展现状

水稻是我国主要的粮食作物，目前，全国种植面积约4.5亿亩*，年产量近2亿吨，约占粮食总产量的35%，全国约有65%的人口以稻米为主食。然而，进入21世纪后，随着经济社会快速发展和城市化工业化迅速推进，我国农业和农村形势正发生深刻的变化，在现有国家粮食价格政策保障下，单一种植水稻比较效益低，严重影响了农民种稻积极性，部分地区中低产稻田撂荒现象较为严重，稻田流转中“非农化”“非粮化”问题比较突出。另外，由于生产方式粗放，化肥、农药使用一直处于较高水平，造成了农业面源污染问题。为此，近年来，农业部支持部分适宜地区，在传统稻田养殖的基础上，积极探索“以渔促稻、稳粮增效、质量安全、生态环保”的稻渔综合种养新模式，取得了水稻稳产、经济效益明显提高、生态效益显著的可喜成果。目前，稻渔综合种养新模式得到了各方广泛认可，在全国迅速推广。

一、稻渔综合种养的内涵及特征

稻渔综合种养是根据生态循环农业和生态经济学原理，将水稻种植与水产养殖技术、农机与农艺的有机结合，通过对稻田实施工程化改造，构建稻-渔共生互促系统，并通过规模化开发、集约化经营、标准化生产、品牌化运作，能在水稻稳产的前提下，大幅度提高稻田经济效益和农民收入，提升稻田产品质量安全水平，改善稻田的生态环境，是一种具有稳粮、促渔、增效、提质、生态等多方面功能的现代生态循环农业发展新模式。

与传统稻田养殖相比，新型稻渔综合种养模式具有如下特征：一是突出了以粮为主。水稻成为发展的主角，提出了田间工程不得破坏稻田耕作层，工程面积不超过稻田面积的10%，水稻种植穴数不减等技术要求。同时，积极发展有机稻，大幅度提升水稻收益，使水稻效益和水产效益达到平衡，从机制上确保农民种植水稻的积极性。二是突出了生态优化。生态环保是绿色有机品牌建设的前提保障，通过种养结合、生态循环，大幅度减少了农药和化肥使用，有效改善了稻田生态环境。通过与生态农业、休闲农业的有机结合，促进了有机生态产业的

* 亩为非法定计量单位，1亩=1/15公顷。——编者注

发展。三是突出了产业化发展。通过引进河蟹、小龙虾、中华鳖、泥鳅等名特优水产品种，带动稻田产业升级，促进了规模化经营。采用了“科、种、养、加、销”一体化现代经营模式，突出了规模化、标准化、产业化的现代农业发展方向（表1）。

表1 传统稻田养殖与新型稻渔综合种养对照

	项目	传统稻田养殖	稻渔综合种养
发展背景	发展模式	粗放的小农模式	产业化发展模式
	发展目标	增产、增收	稳粮、促渔、增收、提质、生态、可持续
	发展条件	稻田流转难	稻田流转政策明确、步伐加快
	应用主体	普通农户为主	种养大户、合作组织、龙头企业
技术内容	水稻品种	常规种植品种	按综合种养的要求筛选出来的品种
	水产养殖对象	鱼类（鲤、草鱼）	特种水产品（鳖、虾、蟹、鳅、鱼）
	水稻栽插方式	常规种植	宽窄行，沟边加密，穴数不减
	水产养殖	常规养殖	水产健康养殖
	配套田间工程	鱼溜、鱼沟面积无限制	鱼溜、鱼沟面积限制定在10%以下，增加了防逃、防害设施
	种养茬口衔接	简单	融合种植、养殖、农机、农艺的多方要求
	稻田施肥	以化肥为主	有机肥为主，水产生物粪便做追肥
	病虫害防治	以农药为主	生态避虫、一般不用农药
	产品质量控制	无规定	生产过程监控、标准化管理
	产品收获	常规	机收、生态捕捞
	产品加工	简单	精深加工
主要性能	水稻单产	无规定	不低于400～500千克
	产品质量	常规	无公害绿色食品或有机食品
	农药使用	与水稻常规种植无差别	减少50%以上
	化肥使用	与水稻常规种植无差别	减少60%以上
	单位面积效益	低	增收100%以上
经营方式	生产规模	较小	集中连片、规模化开发
	作业方式	人工为主	机耕机收、工程育秧
	经营体制	农户自营为主	合作经营、“科种养加销”一体、品牌化
	服务保障	较少	社会化服务体系为保障

二、稻渔综合种养发展历程及现状

（一）发展历程

稻渔综合种养是在我国传统稻田养鱼基础上，逐步发展起来的一种现代农业新模式。早在2 000多年前，我国陕西汉中和四川成都地区就有稻田养鱼记载。但千百年来，这种人放天养、自给自足的粗放生产模式，只有在我国东南、西南、华南的丘陵山区缓慢发展。新中国成立以后，随着国家的逐步重视，稻田养鱼的内容不断丰富，逐渐形成了稻渔综合种养的新模式，主要经历了以下发展阶段。

1. 恢复发展阶段（1949年至20世纪70年代末） 新中国成立以后，稻田养鱼得到了我国水产部门的高度重视。1954年，第四届全国水产工作会议号召在全国发展稻田养鱼。1958年，全国水产工作会议将稻田养鱼纳入农业规划，推动了我国稻田养鱼的迅速发展。至1959年，全国稻田养鱼面积超过66.67万公顷。但这一时期，稻田养鱼技术仍沿袭传统的粗放粗养的模式，单产和效益均较低。

2. 技术形成阶段（20世纪70年代末至90年代初） 20世纪70年代，我国稻鱼共生理论体系不断完善。1981年，中国科学院水生生物研究所倪达书研究员提出了“稻鱼共生”理论，促进了稻田养鱼技术向深度发展。1984年，原国家经委将“稻田养鱼”列入新技术开发项目，在全国18个省（自治区、直辖市）推广。1987年，稻田养鱼技术推广纳入了国家农牧渔业丰收计划和国家农业重点推广计划。90年代末，农业部先后组织召开了5次全国稻田养鱼经验交流会和现场会。这一时期，稻田养鱼技术不断完善，稻田养鱼由依靠稻田内天然饲料，发展到配合人工投喂饲料，单产水平大幅提高。1994年，全国21个省（自治区、直辖市）发展稻田养鱼面积达85万公顷。全国平均单产水平达到每亩水稻500千克、成鱼16.2千克。

3. 快速发展阶段（20世纪90年代中期至21世纪初） 农业部进一步加大扶持力度，1994年9月第三次全国稻田养鱼现场经验交流会上，农业部常务副部长吴亦侠指出：发展稻田养鱼不仅是一项新的生产技术措施，而且是农村中一项具有综合效益的系统工程，既是抓“米袋子”，又是抓“菜篮子”，也是抓群众的“钱夹子”。同年12月，经国务院同意，农业部、水产部、水利部联合印发了《关于加快发展稻田养鱼，促进粮食稳定增产和农民增收的意见》，促进了稻田养鱼的快速发展。养殖技术不断创新，单产水平持续提高，“千斤稻、百斤鱼”已形成一定规模。全国稻田成鱼单产水平达到每亩40千克，较1994年水平翻了一番。到2000年，我国稻田养鱼发展到133.33万公顷，为世界上稻田养鱼规模最大的国家。

4. 转型升级阶段（21世纪初至今） 进入21世纪后，随着我国经济快速发展和人民生活水平的提高，生产者对单位面积土地产出以及食品优质化的要求不断提高。传统的稻田养鱼技术，由于品种单一、经营分散、规模较小、效益较低，越来越难以适应新时期农业农村发展的要求，发展一度处于减缓、甚至停滞倒退的状态。2007年，党的十七大以后，随着我国农村土地流转政策不断明确，农业产业化步伐加快，稻田规模经营成为可能。各地纷纷结合实际，在综合平衡水稻、水产、农民利益、生态环保等多面要求的基础上，探索出一大批以水稻生产为中心，以特种经济品种为主导，以标准化生产、规模化开发、产业化经营为特征的百公顷甚至千公顷连片的稻渔综合种养典型，取得了显著的经济、社会、生态效益，形成了"以渔促稻、稳粮增效、质量安全、生态环保"的稻渔综合种养新模式，稻渔综合种养再次得到了各地政府的高度重视，掀起了新一轮发展的热潮。

（二）发展现状

近年来，农业部也高度重视稻渔综合种养的发展。2007年，"稻田生态养殖技术"被选入2008—2010年渔业科技入户的主推技术；2011年，农业部渔业局将发展稻渔综合种养列入了《全国渔业发展第十二个五年规划（2011—2015年）》，作为渔业拓展的重点领域；2012年起，农业部科技教育司设立"稻田综合种养技术集成与示范推广"专项，启动了公益性行业专项"稻-渔"耦合养殖技术研究与示范，水产行业标准"稻渔综合种养技术规范"立项并启动制定；2015年起，国家农业综合开发项目中设立稻田综合示范基地建设项目，支持稻田综合种养产业化基地的建设。同时，各地加大了稻渔综合种养发展的扶持力度。如浙江省海洋与渔业局组织实施了"养鱼稳粮工程"，并列入"十二五"浙江省农业重点工程；湖北省将稻渔综合种养列入当地现代农业发展规划，进行重点扶持；宁夏回族自治区稻蟹生态种养作为自治区主席工作1号工程，在全区大面积推广等。

在农业部和各地政府部门的大力推动下，稻渔综合种养模式和技术不断完善。截至目前，在黑龙江、吉林、辽宁、浙江、安徽、江西、福建、湖北、湖南、重庆、四川、贵州、宁夏13个示范省（自治区、直辖市），建立了核心示范区87个、面积100多万亩，辐射带动2 000万亩；组织集成、创新、示范和推广了"稻蟹共作""稻鳖共作+轮作""稻虾连作+共作""稻鳅共作""稻鱼共作"5类19个典型模式，以及19项配套关键技术。示范区共培育专业合作社、龙头企业等新型经营主体200多个，创建稻米品牌30个、水产品牌21个。从示范效果看，示范区水稻产量稳定在500千克以上，稻田增效50%以上，农药使用量平均减少51.7%，化肥使用量平均减少50%以上。在2011—2013年农牧渔业丰收奖评选中，稻田综合种养技术集成与示范相关项目，共获成果奖一等奖2个、二等奖1个，得到广泛认可。

（三）发展成效

从实施效果上看，稻渔综合种养主要成效表现如下：一是实现了以渔促稻。充分利用渔业产业带动水稻产业升级，在确保水稻稳产的前提下，大幅度提高稻田综合效益，促进了稻田流转和规模化生产，提升了水稻品质和效益，调动了农民种稻的积极性。二是实现了提质增效。由于大幅度地减少了农药和化肥的使用，促进了有机稻、有机鱼的生产，提升了产品质量，促进了品牌化经营，提升产品的价值。三是实现了生态环保。通过建立稻-渔共生生态循环系统，提高了稻田中能量和物质循环再利用的效率，减少了病虫草害的发生和农业面源污染，改善农村生态环境，提高了稻田可持续利用水平。四是实现了保渔增收。充分利用了稻田的坑沟、空隙带和冬闲田发展水产养殖，在当前水产养殖空间不断被挤压的情况下，开辟了一条保障水产品供给、发展水产养殖的新路。因此，稻渔综合种养是一种“一水两用、一田多收、生态循环、高效节能”的农业可持续发展新模式。

三、推动稻渔综合种养产业化发展的政策建议

据测算，我国有适于发展稻渔综合种养的低洼水网稻田和冬闲田近1亿亩，具有广阔的发展前景。如能有效开发利用，将产生难以估量的社会、生态、经济效益。目前，稻渔综合种养在模式构建、田间工程设计、种养茬口衔接等技术集成方面取得了显著进展，在典型示范中也达到了预期的效果，但在大规模的产业化推广中还存在一些问题。如综合种养模式、产业化配套技术有待进一步丰富和完善；综合种养的应用基础理论需强化；复合型农业科技和推广人员缺乏；开展稻田综合种养的标准亟须制订等。为推动稻渔综合种养的产业化发展，提出以下政策建议。

（一）加强稻渔综合种养产业化模式和技术的集成创新

1. *确立产业化发展的主导模式* 根据“稳粮增效、以渔促稻、质量安全、生态环保”的发展目标，按照产业化要求，提出主导模式的确立标准。重点加强稻-蟹、稻-鳖、稻-虾、稻-鳅、稻-鲤等主导模式总结和研究，不断集成适应于不同生态和地域条件的典型模式，并形成技术规范。

2. *集成产业化配套关键技术* 加快稻渔综合种养产业化关键技术研发，认真组织实施稻渔综合种养的公益性科研和推广专项，按照规模化、标准化、品牌化的发展要求，重点对主导模式的配套水稻种植、水产养殖、茬口衔接、水肥管理、病虫草害防控、田间工程、捕捞加工、质量控制等关键技术进行集成创新。

3. *集成水稻稳产关键技术* 紧紧围绕水稻持续稳产的要求，加强综合种养条件下水稻品种筛选、水稻种植、水肥管理、田间工程等方面的技术创新。主要技术思路：在共作模式中，确保稻田单位面积内水稻种植穴数不减，并充分发挥边际效应；积极发展连作、轮作模式，通过茬口衔接技术，充分利用冬闲田或水稻种植的空闲期开展水产养殖，不影响水稻生产；严格控制田间工程中的沟坑面积，不得超过稻田总面积的10%，并不能破坏稻田的耕作层。

（二）加快稻渔综合种养产业化模式和技术的示范推广

1. *积极推进产业化示范* 要在全国组织开展稻渔综合种养产业化示范区建设，创建一批规模大、起点高、效益好的稻渔综合种养产业化核心示范区。示范区应突出规模化、标准化、品牌化、产业化，加大田间工程、配套设施设备以及相关保障体制机制建设，并适时组织现场交流会，发挥示范区的展示及辐射带动作用，使示范区及周边辐射带动区形成区域化布局、标准化生产、规模化经营的发展格局。

2. *加强技术指导和培训* 尽快建立由水产、种植、农机、农艺、农经、农产品加工等多方面专家组成的稻渔综合种养技术协作组，深入一线，巡回指导，解决产业间相互支持、相互合作、相互协调、相互融合的生产和技术问题。同时，组织编写统一培训教材，加大对技术骨干人员培训。依托科技入户公共服务平台，积极构建“技术专家+核心示范户+示范区+辐射户”的推广模式，提高技术的到位率和普及率。

3. *建立示范的标准体系* 组织研究制定稻渔综合种养产业化发展相关标准体系，加快制定相关行业、地方以及企业标准，明确各类稻渔综合种养模式在稳粮、增效、质量、生态、经营等方面的技术性能指标，明确技术性能维护要求和技术评价方法，逐步形成示范推广的标准体系，确保技术推广不走样。

（三）加强稻渔综合种养产业化相关基础理论研究

1. *加强关键技术参数研究* 要深入开展相关技术应用理论研究，重点研究在保持水稻持续稳产、稻田综合效益最优的情况下，稻渔综合种养产业化发展中水稻品种筛选、水稻种植密度、水产品放养密度、沟坑控制面积等方面的最优技术参数，提出技术和模式的优化建议。

2. *开展相关生态机理研究* 要加强研究物质和能量在稻田共生系统中转化及利用效率，揭示稻田共生系统中水稻稳产以及对农药和化肥依赖低的生态机理。开展生态经济效益分析，开展稻渔综合种养系统的生产力和生态效应分析，提出保障稻田系统稳定性的技术建议，组织开展稻渔综合种养发展潜力分析，为稻渔综合种养发展规划提供依据。

3. *加强稻田综合效益评价* 认真做好水稻测产工作，组织开展综合种养稻田和水稻常规单种稻田的综合效益对比分析。根据生产投入和产出情况，计算单位面积新增经济效益；从减少化肥和农药使用、提高稻田肥力、改善农村生态环境等方面评价生态效益；从提高农民种粮积极性、提高食品质量安全水平、促进农民增收、推进农村合作经济等方面评价社会效益，逐步建立稻渔综合种养条件下水稻测产和稻田综合效益评价方法体系。

（四）完善稻渔综合种养产业化发展体制机制

1. *积极培育新型经营主体* 强化产业化发展导向，积极推进以集约化、专业化、组织化、社会化为特征的新型稻渔综合种养发展，积极培育专业大户、家庭农场、龙头企业、专业合作社等新型经营主体，通过统一品种、统一管理、统一服务、统一销售、统一品牌，进一步提高稻渔综合种养组织化、标准化、产业化程度，完善产业化发展的体制机制，建成“科、种、养、加、销”一体化的产业链。

2. *完善产业化配套服务体系* 以国家水产技术推广体系为依托，着力加强与规模化、产业化相关的稻渔综合种养技术和公共服务保障体系，加快培育苗种供应、技术服务、产品营销等方面的合作经济组织，建立完善的产前、产中、产后全过程相关社会化服务体系。

3. *大力打造生态健康品牌* 要大力挖掘稻渔综合种养生态价值，积极推进各地按无公害、有机、绿色食品的要求组织稻田产品的生产，主打生态健康品牌，进行系列化开发，建立专业化种养、产业化运作、品牌化销售的运行机制，提升稻田产品的价值，用效益引导农民参与稻渔综合种养。

（五）优化稻渔综合种养产业化发展环境

1. *加大政策扶持力度* 各地应积极把稻渔综合种养作为稳粮、促渔、增收的重要措施，列入现代农业发展的重点支持领域，引导各地结合实际，将稻渔综合种养纳入当地农业发展规划，加大政策和资金的扶持力度。建议组织制订全国稻渔综合种养发展规划，积极推进稻渔综合种养发展与农田水利设施建设等农田改造项目相结合。

2. *扩大工作宣传力度* 通过各种媒体，广泛宣传稻渔综合种养在“稳粮、促渔、增效、提质、生态”方面的作用，让社会各界全面了解稻渔综合种养的良好发展前景。积极向财政、发改委、科技、种植、水利等部门及各地政府汇报稻渔综合种养新进展新成效，积极营造多方支持的良好氛围。

稻渔综合种养技术的循环农业理念

伴随经济发展、人口增多，农耕土地逐渐被改造利用以加快适应城镇化发展的需要，而百姓对粮食和动物蛋白的需求却一如既往，要解决需求与供给矛盾，就需要我们充分发挥利用土地资源，在有限的土地上增加产出。另一方面，在现代农业发展过程中出现的点面污染，也极大影响了土地的循环再利用，破坏了生态环境，影响到食品安全，寻找农业可持续发展的途径、发挥农业生产最大的自净效能就显得很有必要。稻渔综合种养技术是将种稻和养鱼结合起来的生产方式，实现了“一水两用、一地双收”，其重要意义在于能充分合理利用土地资源，开展可持续性循环农业，既能提高种植和养殖经济效益，又能收获健康农产品，还可促进社会和生态效益。

一、稻渔综合种养技术发展历程

（一）稻田养鱼

2 000多年前，我国就有稻田养鱼的记载。在较早的年代，稻田养鱼中主要以鲤散养为主，多为自家食用，没有形成规模。新中国成立后，尤其是我国水产科技工作者在四大家鱼繁殖技术上的成功，稻田养鱼从传统的自生自养阶段进入快速发展阶段，草鱼、鲢和鳙等四大家鱼都逐渐被应用到稻田养殖中。目前，在稻田养鱼系统中可选择的养殖品种越来越多，应用较广的主要有青虾、河蟹、泥鳅、甲鱼和黄鳝等。人们在养殖鱼种苗种繁育，肥料和农药的规范化使用，因地制宜创新稻田养鱼模式以及病害防治上不断试验成功和突破，使得稻和鱼在产量、品质上都有了质的飞跃，稻田养鱼已从传统的粗放式经营发展成为科学规范的集约化经营。

对于稻田养鱼的研究至今仍在继续，其有关技术与模式已经推广应用至全国绝大多数省份，在针对一些特殊气候的地区，如松花江地区、北方地区、高纬高寒地区、丘陵地区、山区、盐碱地区等发展稻田养鱼的研究报道也有不少。而且在某些地市，已经成功打造出极富特色的稻田养鱼文化品牌。2005年6月，浙江省青田县方山乡龙现村的稻田养鱼，被联合国粮农组织（FAO）列入“全球重要农业文化遗产（GIAHS）——传统稻鱼共生农业系统”，稻田养鱼成为首批世界农业遗产保护项目，龙现村也成为全球首批重要的农业遗产保护点之一。与龙现村类似的，在贵州、湖南、云南、江苏等地也有悠久的稻田养鱼历史，他们都在寻找机遇，从生态、文化、经济、科技等多方面出发，将单纯产粮产鱼的稻田养鱼系统进行改良打造，创建品牌，使稻田养鱼发挥出巨大作用，进而提升我国在养殖业上的影响力。

（二）池塘种稻

池塘种稻，是近几年来逐渐发展起来的一种水产养殖新技术模式。首先起于中国水稻所的科研团队研发出一种适于在深水中种植的水稻品种，与浙江大学共同改良培育后，在浙江、江苏、湖北、湖南、广东、广西、安徽、江西8个水产养殖大省展开池塘示范养殖和推广。目前，试验在产量、质量等方面有了初步成效，主要表现在选培育出一些适合不同地区的池塘专用水稻品种、制定出相关技术规程，获得了水质改良、鱼稻增产增收方面的数据等。2015年9月，全国“池塘种稻技术研讨会”在南京召开，各省市的有关农业、渔业部门负责人和技术专家等就存在问题、实施进展和今后发展方向等进行了研讨，会议的召开不仅扩大了池塘种稻的影响力，也为今后发展池塘种稻这种循环农业生产方式指明了方向。目前，该技术模式取得了一定的成果，但一些关键技术以及能被大范围推广应用的科学理论支撑依据仍在探索和研究中。

二、生产模式

（一）稻田养鱼

稻田养鱼，是指在以种植水稻为主的稻田中开展水产养殖活动，其要解决的主要是养鱼的技术难题，要试验养怎样的鱼，怎么养，从而获得鱼稻双丰收。在稻田养鱼系统中，水稻是生产的主体，也是整个生态系统的主体，它能为鱼类提供良好的生活环境，同时，能净化水质，保持水体清新。鱼类是优势种群，是消费者，能除草灭虫、疏松土壤，排出的粪便是水稻的肥料，两者相辅相成，共生互利。

由于水稻与水产动物对时间和空间要求以及各地气候和土地条件的差异性，稻田养鱼衍生出适应各地气候特点和生产方式的诸多模式。按空间需求分，常见的模式有垄稻沟鱼、沟坑模式、田凼结合或宽沟模式。垄稻沟鱼，是指在稻田四周开挖1~2条主沟，将稻田分为若干垄，垄沟相间、陇上种稻、沟中养鱼，可有效改造低洼低产水田，增加收益，一般用来养殖成鱼，垄沟的宽度比例与稻谷品种和地区自然条件差异有关，原则上沟宽达到稻叶轻度封行为好；沟坑模式，是指通过加高加固田埂，田内开挖鱼沟，养殖对象可是成鱼也可是大规格鱼种，沟坑的面积约占稻田面积的10%左右为好，在开挖的不同沟型中，十字沟在稻鱼的产出收益上效果最显著，环沟弥补沟坑占地损失效果最佳，若将鱼沟挖宽或扩大，可衍变成田凼结合或宽沟模式，在塘的一边开挖较深的宽沟养殖成鱼并套养鱼种，发现亩产值比传统稻田养鱼高出不少，少使用农药60%，取得了较高的直接和间接经济效益；田凼结合模式，是指凼的位置可在田的一端或两端，或在一角或几角，相当于一个小水塘，一般设在进水口端或背阴处，以椭圆或长方形为佳，可用来培育鱼苗，试验表明,此模式增加了鱼的放养量，减少种养矛盾，提高了鱼产量。按时间需求，依据季节气候和当地的种植习惯开展稻鱼轮作种养，主要的种养模式有单季稻田养鱼、双季稻田养鱼以及利用冬闲田养鱼等。此外，各地因地制宜，将畜禽和蔬菜种养融入其中，在稻田养鱼中养殖鸭鹅、垄沟吊袋种植菌类、鱼沟上方搭建豆架棚或套种水生经济作物，均增加了额外收入；稻-萍-鱼的模式可有效解决养鱼的饲料来源问题，也利于水体中浮游生物的繁殖，鱼的商品产量也有所提高。

（二）池塘种稻

池塘种稻，是指在以水产养殖为主的池塘中进行水稻种植，更多的是要解决好种稻的问题，包括简单的池塘工程改造、水稻品种的选择、水产养殖与水稻种植的茬口衔接以及水稻种植对养殖水环境和养殖品种影响的评估等。在池塘种稻系统中，水产动物是生产的主体，是整个生态系统的主体，水稻则可以改善养殖水体、同时增加池塘养殖的经济附加值。池塘种植的水稻品种区别于普通水稻，这种池塘水稻是经过人工选育的杂交品种，具有株型高大、茎粗秆壮、根系发达、抗倒伏性能强等特点，栽插时行间距一般为（0.5～0.8）米×（0.5～0.8）米，每穴1～2株。在水产养殖池塘中开展水稻种植，需要在池塘四周或中间开挖3～5米宽、0.8～1.2米深的围沟，在池塘中央形成水稻种植区，一般水稻种植区的面积占池塘总面积的50%～80%。

目前，在池塘种稻技术模式中应用较为成熟、可选择的水产养殖品种，主要有青虾、河蟹、小龙虾、黄颡鱼、沙塘鳢、泥鳅、甲鱼、黑鱼、罗非鱼、南美白对虾等。江苏地区的小龙虾、河蟹、青虾等养殖池塘种植水稻较为成功；浙江地区主要是在黄颡鱼、黑鱼和甲鱼等养殖池塘中进行试验。此外，国内其他省份和地区均在开展池塘种稻技术研究与示范，已经形成了具有区域特色的池塘种稻技术模式。

无论生产方式是稻田养鱼还是池塘种稻，都是构建以水产养殖和水稻种植为主的和谐共存的生态系统，通过两者的有机结合，最终实现社会、经济和生态效益的综合最大化。

三、研究进展

（一）稻田养鱼

我国开展稻田养鱼的研究较早，有关研究报道较多，主要集中在如何提高经济、生态和社会效益上，包括研究其稻田规划、种养茬口衔接、农产品的产量质量、病害防控、水质调节等内容。通过“垄稻沟鱼”的养殖，发现稻田土壤和田水的肥力增强，稻田起垄后耕作层土壤的氧化面扩大，水中溶氧量增加，稻株伤流量（即根系活力）在抽穗期、灌浆期和成熟期都有了较为明显的提高，水稻分蘖较普通稻田养殖来得快早，水稻叶片的叶绿素含量增加，根茎叶的干物质含量提高，稻米蛋白质含量也有所提高。如养殖草鱼等植食性鱼类，对于系统中杂草的去除有更好的作用。同时发现养鱼的稻田，尤其是养草鱼，对于控制白背飞虱和褐飞虱的控制效果很好，养鱼后二化螟、稻纵卷叶螟等虫害及稻纹枯病能得到较好控制，且减少了农药使用。试验证明，在北方寒带地区开展稻田养鱼同样可行，水稻生长发育明显加快，田水的溶氧、水温都有提高，有利于鱼类生长，稻田生态环境良好。对于稻田养鱼重大意义的佐证，很多学者都进行了综述和讨论，蒋艳萍等人综合阐述了稻田养鱼模式在控草、控虫、控病、土壤肥力、水稻植株生长及水质变化等方面所起到的积极作用；吕东锋等人从水体和土壤的理化性质、培肥效应、病虫草害以及水稻生长和控污等方面做了全面综述，肯定了稻田生态渔业产生的生态经济及社会效益。通过一系列技术研究可知，稻田养鱼方式充分利用了农业生产各环节产生的代谢废物，有效防止了农村面源污染；有效利用了水土资源，抑制水土流失，促进水稻吸收养分，提高生物产能；产业链的深化，也促进了农民增收；美化后的传统农耕文化形成了独特的中国农业文化文明，稻田养鱼将继续在建设和谐中国社会中起到巨大作用。

（二）池塘种稻

目前，池塘种稻尚未全面推广，仍在边试验边推广，但可喜的是采用该技术模式所产生的社会、经济和生态效益逐渐被人们认可。水稻在生长过程中不打农药不施化肥，不仅有效吸收了养殖过程中产生的富营养元素，较好地净化了养殖水体环境，而且为养殖对象的生长提供了良好的栖息环境，养成后产出的生态大米和水产品，属于无公害绿色食品。池塘稻米目前的市场价大约在24元/千克，给农民带来了不小的经济效益。

根据已有研究报道，浙江在水产养殖池塘中发现，种稻后的池塘总氮均值下降70%，总磷均值下降85%，氨氮均值降低60%，无机氮磷分别下降60%和78.5%，水温、pH、浊度、COD、BOD都有所降低。江苏研究小龙虾池塘发现，小龙虾对早期水稻株高有抑制性影响，探讨了放养小龙虾的时间，水稻栽种的适宜密度、小龙虾出肉率等问题。广西试验发现，采用种稻模式后罗非鱼链球菌病的防治效果更为突出等，更多细节上的技术问题仍在进一步研究探讨中。

四、发展前景

（一）拓宽产品市场，打造品牌生态农产品

循环农业由于在生产活动中利用了生态环境的自净功能，养鱼过程中产生的代谢物以及种稻过程中产生的病虫害等都能为池塘自身利用或得到有效控制，农药和肥料的使用大幅减少，生产出的大米和水产动物安全生态，相对于当前日益复杂而备受社会广泛关注的食品质量安全问题，这样的生产方式更为人们所信赖，容易得到老百姓的认可和推崇。另一方面，池塘种植产出的高秆稻米，就口感来说偏硬不糯，且市场售价偏高，故在口感上有待进一步选育改进，在价格上也有讨论的空间。同时，塘内养殖的稻香鱼产品，也同样面临打开和扩大市场的问题。为全面打开生态农产品的市场，首先产品质量要过硬，包括改良水稻品种和改善水产品肉质口感；其次做好产品宣传和品牌打造，品牌效应一直以来都是消费者比较关注的，现在大多地方进行了生态渔稻种养后，习惯自营一个品牌，这就导致品牌数量多而杂，消费者无从选择，建议努力做好一个品牌，扩大影响力，不同地区的类似产品通过加盟形式或是形成系列产品形式，让消费者熟悉认可；再就是赢得消费者口碑，质量有保障、价格有商量，口口相传取得信任，让更多消费者了解和愿意购买。一旦产品有了市场，势必进一步提高和激发渔农民的生产积极性，从而增加经济效益，改善和提高生活水平。

（二）结合区域和民族特色，打造现代渔耕文化

在中国很多地区，尤其是中西部地区，少数民族聚集，独特的稻鱼景观和丰富的民族文化已越来越多引起国内外农业专家的重视，并已成为我国民族特色文化的组成部分，是一种潜力无限的文化和经济资源。在中国，鱼一直以来都是吉祥如意的象征，逢年过节、红白喜事都要用到鱼，过年摆条鱼象征年年有余，粮食喜获丰收用鲤鱼祭天、祈求来年风调雨顺。在贵州省的苗村侗寨儿童戴鱼尾帽，寓意借助祥瑞神力守护孩子，稻谷则是祖神灵魂的寄寓所，保佑粮食丰收、人丁兴旺。变传统的农耕模式为打造农业文化，对于保护和探究文化多样性都有

重要的意义。为此，在强调和突出稻鱼种养产生经济社会效益的同时，也需要政府在文化保护上重视和提供必要的支持，组织和协调当地管理者和农业生产者，积极创造条件，系统收集整理古今相关资料，形成完善的稻渔共生文化材料，成为一种农业文化表现形式。

（三）与旅游产业融合，扩大农业产业链

我国自然资源丰富、农业资源广阔，拥有许多已经开发和尚未开发出的自然景观，吸引了越来越多想要“返璞归真”的人来田间山庄旅游。作为农业大国，这些地处市郊或郊区的自然风景，与农业生产有着紧密联系，在稻渔田的周边打造诸如精品园、农家乐等设施，集自然风光、趣味田园、餐饮、住宿、手工作坊等于一体。其优势在于：一是改变毫无特色的农业环境，旅游的引入，会带来新的农村环境建设，道路修缮、房屋翻新、稻田周边的脏乱差得到治理，整体环境将焕然一新；二是增加渔农民的收入，渔农民的收入不再仅限于稻鱼的产出，游客的到来势必带来额外的经济效益；三是缓解了城市过剩劳动力的压力，面对很多务农人员想要走出农村去城市打拼的趋势，这样的农业生产方式可以留住更多年轻人，年轻人发挥聪明才智，将自己的家园建设得更加美丽；四是提高地区知名度和影响力，使得当地质朴的民俗民风以及历史文化得到更多人了解和知晓。

（四）加强有关产业关键技术和养殖模式研究，加大已有成果的推广力度

无论是文化的传承，还是产品的推广，或是产业链的扩大，科学技术支撑都是强有力的后盾。尤其是池塘种稻发展历史短，很多关键性技术尚需完善。例如：适合不同塘体的水稻品种选育、稻苗营养不良、遭病虫害侵蚀、池塘田地中各类生物错综复杂的竞争生长、捕捞和收割的机械化设备改造、池塘生态学机制研究等。同时，对于已取得的研究成果，需要与基层农技推广部门合作，通过示范带动、辐射和推广，促进新农村建设，推动传统农业的产业结构转型，提高从业者的种养综合效益，提升农业产业。

循环农业的发展是一项长期的公益性事业，尤其是现代农业的发展，离不开政府有关部门的政策和项目支持，有关主管部门应加大对有关项目的科研支持力度。同时，科技工作者需要综合多学科，通过学科交叉，与有关科研院所和技术推广部门等通力合作，从科研、产品和推广等层次上，推动循环农业产业的快速发展，为农业现代化、设施化和数字化奠定基础。

稻渔综合种养技术的现状与发展

改革开放30多年来，我国稻田养殖发展很快，至2010年，我国稻田养殖面积达1 989.17万亩，年生产水产品达124.27万吨，占淡水养殖总产量的5.30%。从发展趋势看，稻田所生产的水产品产量已接近全国湖泊养殖的总产量（153.66万吨，占淡水养殖总产量的6.55%）。

一、稻渔综合种养技术的特点

当前的稻渔综合种养与20世纪的稻田养殖方式相比，既不是稻田养鱼（蟹、虾），也不是鱼（蟹、虾）池种稻。该项技术在水产界称其为“稻渔综合种养新技术”，其特点是：

（1）稻田从单一的种植结构转为种养结合的复合结构，综合效益极为显著。

（2）养殖对象以特种水产为主体。往往以经济甲壳类为主，如小龙虾（克氏原螯蟹，下同）、河蟹等，鱼类（泥鳅、黄鳝等）为辅。

（3）采用种养结合，构成“稻蟹（或虾、鱼）共生”（或“互生”）系统，通过保持和改善生态系统的动态平衡，努力提高太阳能的利用率，促进物质在系统内的循环和重复利用，使之成为资源节约型、环境友好型、食品安全型的产业，产品为无公害的绿色食品或有机食品。

（4）农民组织化程度高，连片作业，规模经营，实施合作化、企业化、产销一体化。农民从自给自足的农耕社会，一跃成为现代农业的组成部分（表1）。

二、稻渔综合种养技术主要模式

按养殖模式，在全国可分为以下几种：

（一）“稻蟹共生”模式

以辽宁“盘山模式”为典型代表。2007年、2010年，该模式经农业部科教司、农业部渔业局两次现场验收，给予高度评价，2011年在全国推广面积达130万亩。其特点是：

表1　稻田种养新技术与传统稻田养鱼区别

比较	传统稻田养鱼	稻田种养新技术
1 稻田田间工程	鱼溜、鱼沟占稻田10%～20%	无鱼溜，鱼沟占稻田5%
2 水稻栽插技术	常规，1.3万～1.5万穴	宽窄行，沟边加密，1.3万～1.5万穴
3 养殖对象	鱼类（鲤、草鱼）	特种水产（小龙虾、河蟹、黄鳝、泥鳅）
4 稻田施化肥、农药	大量使用化肥和农药	仅以有机肥料作基肥，以小龙虾、蟹、鱼的粪便作追肥，一般不用农药
5 稻谷产量	稻谷有所减产	稻谷不减产，还有所增产
6 产品	常规	无公害绿色食品或有机食品
7 综合效益	低	水稻+水产，“1+1=5”
8 规模	小	连片、规模化生产
9 体制	小生产	合作经营，“科种养加销”一体化
10 范畴	农耕社会（自给自足）	现代农业

（1）“水稻栽培与河蟹养殖”结合，稻蟹共生。

（2）采用“大垄双行，早放精养，种养结合，稻蟹双赢”的“盘山模式”。经多年试验研究，已初步建立稻田种养新技术的技术和管理体系。

（3）采用大垄双行栽插技术。水稻栽插“一行不少、一穴不缺”（共13 500穴左右），水稻平均产量650～700千克/亩，比不养蟹稻田增产5%～17%。产品为蟹田稻谷，每千克售价增加0.3元，成本下降10%以上，水稻净收入由每亩600元提高到900元以上。

（4）河蟹培育采用强化营养技术。河蟹平均规格100克以上，亩产25千克以上。

（5）综合效益明显提高。“水稻+河蟹”经济效益合计：1 500～2 000元/亩，效益提高1.5～2倍。

（6）覆盖面广，影响大。2010年，在盘山县已经推广42万亩，占全县稻田总面积61%。稻田的综合效益1 651元/亩，比实施前（2004年）增长了68.4%。全县河蟹总产量2.6万吨，产值12亿元以上，仅河蟹一项实现全县农业人口人均纯收入1 390元，比实施前（2004年）增收214%。

（二）“稻虾连作”模式

该养殖模式主要在长江中游，水稻与小龙虾连作，以湖北省潜江为典型代表。其特点是：

（1）主要利用地势低洼的单季稻田。7月插秧，11月初收割，收割后稻草还田，然后灌水投放种虾繁殖虾苗。翌年开春后投有机肥，补充部分菜籽饼饲料，4月中旬至水稻插秧前开始捕捞。

（2）养殖面积（沟）占用稻田的比例为5%～15%。

（3）年生产晚稻400～550千克/亩，小龙虾75～100千克/亩，还有一部分泥鳅等。综合效益1 200～1 500元/亩，比单独种植水稻翻一番以上。

2009年，湖北省稻田饲养小龙虾面积达312万亩（其中，约6万亩为“稻虾共生”类型），产量达25万吨；安徽省稻田养殖面积74.7万亩，产量达5.6万吨。

（三）“蟹（虾、鳖）池种稻”模式

该养殖模式主要在经济发达的江浙沪地区。对原来的池塘采用增加池边青坎面积和池中台地面积，以保持水深10～20厘米，种植水稻。池中饲养适宜浅水、水陆两栖的特种水产（如河蟹、小龙虾、中华鳖等）。按养殖对象可分为：

1.“虾池种稻”模式　该模式以扬州高邮永琪农业发展有限公司为代表。其特点是：

（1）小龙虾养殖与水稻栽培相结合，“虾稻共生”。

（2）养虾的沟、溜面积占30%～40%，水稻种植面积占60%～70%。

（3）产、加、销一体化。水稻栽培全部按有机稻的标准执行，生产的大米经有机产品认证，其《大鳌虾田米》价格20元/千克，有机小龙虾30元/千克，以配送形式直销。

（4）经济效益高。水稻效益2 000元/亩以上；小龙虾效益1 000元/亩以上；综合效益达3 000元/亩以上。

2.“蟹池种稻”模式　该模式以上海崇明县蟹种池为代表。其特点是：

（1）蟹种养殖与水稻栽培相结合，“蟹稻共生”。

（2）水稻种植面积一般为池塘总面积的40%～60%。

（3）水稻栽培不施肥、不烤田，不用农药，亩产稻谷（以总面积计算）200～300千克，其大米品质好，均为优质米。

（4）蟹塘主养蟹种，亩产蟹种125千克以上，规格120～200只/千克。

（5）综合效益达4 500元/亩以上，其中，蟹种效益3 000元/亩，水稻效益1 500元/亩。

3.“鳖池种稻”模式　该模式以上海沐雨生态农业有限公司为代表。其特点是：

（1）“中华鳖、小龙虾养殖与水稻栽培相结合。“鳖、虾、稻共生”。其中，以小龙虾为中间环节，小龙虾既清除了稻田杂草、虫害，又作为中华鳖的主要活饵料；并利用中华鳖控制小龙虾的过度繁殖，水稻利用小龙虾和中华鳖的排泄物为肥料，并改善水环境，有利于中华鳖和小龙虾的生长。

（2）水稻种植面积占总面积的60%左右，稻谷亩产300千克左右。

（3）生产商品鳖15千克/亩以上；小龙虾100千克/亩。

（4）产品为绿色食品，售价高。小龙虾对农药具高度敏感性，故禁止施用化学农药，且化肥施用量减少70%，以确保食品安全。

（5）综合效益明显提高。“水稻+小龙虾+鳖”，每亩利润合计3 000元以上。效益比常规种植水稻提高4～5倍（表2）。

表2 “鳖池种稻”模式的产量与效益（2009，崇明）

项　目	亩产量（千克）	单价（元）	亩产值（元）	亩成本（元）	亩利润（元）
稻　谷	366	5.2	1 920	970	950
小龙虾	127	16	2 050	1 220	830
中华鳖	15.3	200	3 060	1 310	1 750
合　计			7 030	3 500	3 530

（四）“鳖稻轮作”模式

该模式以浙江德清县清溪鳖业有限公司为代表。其特点是：

（1）稻、鳖轮作，第一年养成鳖，翌年种水稻，两年一个轮作周期。

（2）不用农药、肥料（包括化肥）、抗生素，生产的水稻为有机稻，中华鳖病害少，成活率高。

（3）水稻亩产700千克，自产自销清溪鳖池大米20元/千克（有机大米最高58元/千克），产品供不应求。

（4）综合效益较高。以2年一个周期平均效益：（成鳖亩效益10 000元+水稻亩效益6 000元）÷2=8 000元。

三、稻渔综合种养增产机理

（一）增产机理试验

2007—2011年，由上海海洋大学与辽宁省农业科学院、辽宁省淡水水产研究所合作，在辽宁省盘山县坝墙子镇姜家村开展稻田种养新技术增产机理试验。试验稻田70亩，分成9块，每组3块。试验田以有机肥料作基肥，不用化肥和农药，水稻品种均为辽星1号。现将2009年试验结果列于表3。

由表3可见，养蟹稻田的稻谷比不养蟹稻田增产54.8千克，增产差异显著（$P<0.05$），效益增加79.0%。河蟹平均规格达106克，其中，60%的雄蟹达130克以上，最大雄蟹243克；70%的雌蟹达到100克以上，最大雌蟹205克。试验田的河蟹平均售价60元/千克，亩利润1 134元。

表3　稻田种养试验田与常规田亩投入产出对比（2009年）

单位：亩

项目	水稻种植					河蟹养殖					综合效益（元）	增倍
	产量（千克）	成本（元）	产值（元）	利润（元）	增效（%）	产量（千克）	规格（克）	成本（元）	产值（元）	利润（元）		
养蟹稻田	699.1^{a}	720	1 817.66	1 097.66	79.0	27.0	106	486	1 620.0	1 134.0	2 231.66^{A}	2.64
不养蟹稻田	644.3^{b}	740	1 353.00	613.0							613.0^{B}	

注：①同行肩标小写英文字母，相同者表示差异不显著（$P>0.05$）；不同者表示差异显著（$P<0.05$）。

②同行肩标大写英文字母，不同者表示差异极显著（$P<0.01$）。下同。

养蟹稻田的综合效益（2 231.66元），比不养蟹稻田增加2.64倍，差异极为显著（$P<0.01$）。

（二）稻田种养新技术增产、增效的机理分析

1.稻谷增产

（1）水稻栽插采用“大垄双行”，可充分发挥了每一穴水稻生长的边际效应。在成熟期，上海海洋大学对同一田块同一品种的株高、穗长以及总粒数测定表明（表4），养蟹稻田水稻秆粗，基部似小芦苇，其株高、穗长和每穗稻谷总粒数均明显高于不养蟹稻田（$P<0.05$）。养蟹稻田边际的水稻与中间水稻生长的差距并不显著（$P>0.05$），说明稻田中间仍有边际效益。故养蟹稻田稻谷的总产量，比不养蟹稻田增加50千克/亩左右。

表4　养蟹稻田与不养蟹田水稻成熟期生长差距比较（2009，盘山）

项　目	地 区	株　高（厘米）	穗　长（厘米）	总粒数/穗（颗）
养蟹稻田	边 际	96.82 ± 3.84^{a}	17.91 ± 0.86^{a}	166.40 ± 26.35^{a}
	中 间	97.19 ± 5.14^{a}	17.76 ± 0.76^{a}	167.22 ± 23.33^{a}
不养蟹稻田	边 际	94.56 ± 1.98^{ab}	16.70 ± 0.70^{b}	138.44 ± 20.39^{b}
	中 间	91.46 ± 4.50^{b}	16.68 ± 0.58^{b}	138.05 ± 21.53^{b}

（2）大垄双行，改善了通风条件，增加了照度，降低了相对湿度。两种栽插模式相对湿度的差异，从分蘖期开始表现出来：分蘖期、拔节期和灌浆期大垄双行的垄间相对湿度，较常规垄分别降低12.3%、15.5%和13.0%（表5），差异显著（$P<0.05$）；直到成熟期，两者湿度差异不显著（$P>0.05$）。2010年，辽宁盘锦7月中旬至8月中旬，雨水偏多，常规栽插的稻田由于垄间湿度大，造成稻瘟病严重；而大垄双行栽插，因垄间湿度低，稻瘟病发病率明显下降。

表5　稻田两种水稻栽插模式垄间相对湿度比较（2010，盘山）

处　理	返青期	分蘖期	拔节期	灌浆期	成熟期
空气中	65.8 ± 0.9^{a}	48.8 ± 0.6^{a}	55.4 ± 0.9^{a}	43.8 ± 0.6^{a}	50.5 ± 1.6^{a}
大垄双行	74.5 ± 0.7^{bc}	68.6 ± 1.2^{b}	75.2 ± 0.5^{b}	68.6 ± 0.6^{b}	91.2 ± 1.1^{bc}
常规垄	75.8 ± 0.6^{b}	80.9 ± 0.3^{c}	90.7 ± 0.4^{c}	81.6 ± 0.4^{c}	93.3 ± 0.5^{c}

（3）养蟹稻田中杂草明显减少（表6）。在水稻的分蘖期与成熟期，养蟹稻田的杂草密度，与不养蟹稻田均存在显著差异（$P<0.05$）。其中，在分蘖期，养蟹稻田对杂草的株防效和鲜重防效均达到60%以上。到成熟期，养蟹稻田对杂草的株防效和鲜重防效均达到50%以上。杂草得到有效的防控，以减少杂草与水稻争夺养分的竞争，有助于水稻产量的提高。

表6　养蟹稻田与不养蟹稻田杂草密度与除草效果比较（2009，盘山）

水稻生长阶段	处　理	杂草密度（株/米^2）	株防效（%）	鲜重防效（%）
分蘖期（6.30）	养蟹稻田	1.93^{a}	61.93	62.99
	不养蟹稻田	5.07^{a}	0	0
成熟期（9.17）	养蟹稻田	4.07^{b}	51.55	58.35
	不养蟹稻田	8.49^{a}	0	0

（4）河蟹在生长的中后期给予强化营养，河蟹所产生肥度高的粪便，正好供水稻中后期生长使用。2010年，上海海洋大学项目组对养蟹稻田和不养蟹稻田水和土壤营养成分测定表明（表7、表8）：养蟹稻田水中的氮、磷均高于不养蟹稻田，特别是到水稻成熟期，两者差异显著（$P<0.05$）。养蟹稻田的土壤中，其氮、磷、钾和有机质的含量始终高于不养蟹稻田，两者差异显著（$P<0.05$）。说明由于河蟹粪便在稻田中均匀、不间断施肥，养蟹稻田在水稻生长的中后期不缺肥。

表7　养蟹稻田与不养蟹稻田水中氮、磷含量比较（2010，盘山）

水稻生长阶段	处　理	硝酸盐（毫克/升）	磷酸盐（毫克/升）
分蘖期（6.25）	养蟹稻田	4.48 ± 0.22^{a}	0.17 ± 0.04^{a}
	不养蟹稻田	4.31 ± 0.18^{a}	0.09 ± 0.02^{b}
成熟期（9.10）	养蟹稻田	3.09 ± 0.23^{a}	0.18 ± 0.03^{a}
	不养蟹稻田	2.10 ± 0.46^{b}	0.08 ± 0.02^{b}

表8　养蟹稻田与不养蟹稻田土壤营养成分比较（2010，盘山）

处　理	氮（毫克/千克）		磷（毫克/千克）		速效钾	有机质
	全　氮	速效氮	全　磷	速效磷	（毫克/千克）	（毫克/千克）
养蟹稻田	145.7 ± 7.0^{a}	66.9 ± 2.4^{a}	72.4 ± 11.6^{a}	14.8 ± 4.0^{a}	138.7 ± 2.8^{a}	34.5 ± 1.4^{A}
不养蟹稻田	143.0 ± 7.8^{b}	63.5 ± 3.5^{b}	70.4 ± 10.7^{b}	14.1 ± 4.3^{b}	129.9 ± 4.8^{b}	27.2 ± 1.1^{B}

综上所述，采用稻田养蟹新技术，河蟹在稻田中“负责”除草、除虫、松土、增氧、均匀施肥。平均每只河蟹“管理”25穴水稻，这就大大促进了水稻生长，做到“稻蟹共生”。

2. 河蟹增产

（1）大垄双行，增加了河蟹的活动空间。水稻所创造的湿地环境，有利于河蟹栖息和蜕壳生长。

（2）河蟹在生长的中后期采用强化营养（动物性饵料、粗蛋白高的颗粒饲料），促进了河蟹生长。商品蟹的平均规格从50克提高到100克以上，价格增长1倍以上。

四、稻渔综合种养技术存在问题

（一）传统的稻田养鱼工艺不适合现代农业发展的需要

1. 传统的稻田养鱼——相对效益下降　传统的稻田养鱼系统，是一种建立在传统农耕文化基础上的农业技术、经济文化的综合体，随着城市和农村经济的发展，传统稻田养鱼的相对效益下降。由于城市第二、第三产业的冲击，大批农村主要劳动力向城市转移，成为农民工。据上海市农委测算，要使年轻人留在农村，第一产业的收入要超过第二、三产业的2～3倍，才能留得住人。但传统的稻田养鱼，其经济效益显然达不到上述要求。

2. 小生产的经营方式——不利于稻田养殖连片作业　1个村，如果只有1～2户人家搞稻田养殖，水稻的养殖面积只有几亩、几十亩，那么稻田中蟹、虾、鱼的防逃、防盗、防水稻病虫害、防化肥和农药污染、水质管理以及稻田的排灌水、有机稻的生产都是问题。稻田养殖要求连片作业、规范化生产，而一家一户小生产的经营方式，推广稻田种养新技术，困难不少。

3. 传统的稻田养殖工艺——劳动强度大，不利于农业机械化生产　目前，种植业都在克服“三弯腰”，搞轻型农艺。上海种1亩水稻，采用机械化生产，只需用3～5个人工；而在辽宁盘锦搞1亩稻田养蟹，因农机不配套，单是种植水稻则需要10～15个人工。

（二）稻渔综合种养种养技术还局限于水产行业范围内，单兵团作战

由于各行业缺乏相互支持和协调（如渔农矛盾、渔业与水利的矛盾、渔业与旅游业的互补等），缺乏多行业、多学科的相互渗透，跳不出原有的老框架。主要表现在：

1. 缺乏与种植业的合作　稻田种养技术，既需要作物栽培学技术，又需

要水产养殖学的基础知识。并在学科交叉和相互渗透的过程中，建立新的增长点——稻田种养新技术的理论体系和技术体系。但目前绝大部分的农业科技人员都是“种水稻的不懂养蟹，会养蟹的不会种稻”，所以，现在既懂养河蟹又会种田的技术人员仅是稻田养蟹区的技术指导员和示范户，这就严重影响该项技术的理论提高和普及推广。

2. 缺乏与粮食加工产业的合作　稻田经多年养殖后，蟹田中生产的大米，其农药残留明显下降，完全可以评定为有机大米。在辽宁盘山县，由于种养规模小，农民不懂申报检测和评定程序，结果绝大部分农民将“蟹田稻谷”直接卖给米业，价格在2.5～2.7元/千克，仅比普通稻谷增加0.2～0.3元/千克。而与粮食加工企业合作，经论证、检测合格的蟹田稻谷作为有机稻谷，稻谷的收购价为6～8元/千克。在超市，有机大米的销售价高达20～48元/千克。

（三）规模化、产业化配套不完善

1. 小生产的经营体制束缚了种养技术的发展　稻田种养新技术，需要连片作业，规模化生产。只有通过土地流转，将分散的土地集中起来，实行区域化布局、规模化开发、标准化生产、产业化经营、专业化管理、社会化服务，才能不断提高农业综合生产能力。目前，农村小生产的经营体制，束缚了稻田种养技术的发展。

2. 农机与种养结合不配套　稻田种养新技术，稻田四周需要开挖环沟，水稻栽插采用大垄双行技术，但没有相应配套的农机以及农机补贴。

3. 苗种供应不配套　内陆省市发展稻田养蟹，其苗种需沿海解决。尽管苗种和养殖技术得到沿海有关单位的支持和帮助，但由于没有与外省联合起来共同开发，实施订单农业，造成苗种价格上涨，而且质量没有保证。如宁夏发展稻田种养新技术，得到辽宁盘山县有关部门的全力支持，但由于没有合作的平台，无法实施订单农业。盘山当地养蟹种的农户，听到宁夏2010年稻田养蟹要发展5万亩，结果同一规格的蟹种，其价格从19～20元/千克一下子涨到26～28元/千克。

4. 技术服务不配套　当前，推广稻田种养新技术最缺乏的是技术指导和技术骨干这两个层次的人才，特别是需要一大批会搞生态养蟹（虾、鱼），又会科学种水稻的技工队伍。

5. 市场营销不配套　我国北方、西北、西南地区的消费者对河蟹、小龙虾食用还刚刚开始，河蟹、小龙虾在当地缺少饮食文化的支撑。一大批新的特种水产品上市，如果缺少市场营销的配套，容易产生贱卖现象，将严重影响养殖户的积极性。

（四）缺乏必要的资金和科技支撑

各水稻主产区的农民根据当地特点，创造各自的稻田种养技术。但目前各地的稻田种养技术，大多数停留在经验上，还没有上升到理论。由于缺乏基本的技术参数，这些养殖方式无法定型，更谈不上模式。由于稻田种养技术缺乏理论指导，也无法普及推广应用。

当前，稻田种养业的生产走在科研前面，与其相关的科研工作没跟上。各地对稻田养殖的试验还刚刚开始，试验又大多局限于渔业部门。项目的投资少、起点低，试验条件差，试验的设计不完整、不合理，不少单位的研究成果都是低水平的重复。项目单兵团作战，缺乏大型、综合性科研项目的支撑。

五、稻渔综合种养技术发展建议

稻田种养新技术是对传统农业的挑战，是对现代农业在发展过程中所带来环境破坏、土壤板结等种种弊端的反省和革命。稻田种养新技术为渔业发展带来了新的机遇，业者要抓住机遇，乘势而上。

（一）更新观念

发展稻田种养新技术，不是弄几只蟹、几条鱼吃吃的小事，而是稳定农民种粮积极性，提高农民组织化程度，促进农民致富奔小康，确保粮食安全、食品安全、产品质量，改善农村生态环境，改革农业种植结构的大事。

（二）正确定位

水稻要从单一的种植结构调整为“水稻+n”的结构；即发展种养结合，以提高土地承包者的积极性。在这个“n”中，水产是首选。发展稻田种养技术，必须坚持以稻作为主体。只有不占用稻田种植面积，粮食不减产，甚至增产，发展稻田水产养殖才有强大的生命力。

（三）整合资源，建立科技平台，多兵团联合攻关

开发稻田种养新技术，是一项系统工程。只有将相关的学科与产业构成“科、种、养、加、销”一体化的产业链，才能健康地运行。为此，建议将“稻田种养新技术开发与推广”列入农业公益性科研项目，给予专项经费重点支持，以便整合全国各省的种植、养殖、农机、农经、环保人才，在水稻主要种植区，建立一大批“产、学、研”结合的科技示范基地，凝聚科技人才，联合攻关。探索“稻、蟹（虾、鱼）共生”的机理，建立“科、种、养、加、销”相结合的新模式。

（四）鼓励农民实施土地流转，提高农民组织化程度

规模化连片生产，是稻田种养新技术的生产特点。因此，要抓住种植结构调整的良好机遇，鼓励农民实施土地流转，以提高农民组织化程度，建立新的生产关系，逐步做到标准化生产、产业化经营、专业化管理、社会化服务，为农业现代化创造良好条件。

（五）瞄准大米中高档市场，生产有机大米、优质大米，以配送方式直接供应消费者

市场上，有机大米的价格比普通大米高5～20倍，而有机稻的稻谷价格比常规稻谷高3～4倍。稻田种养新技术的生产工艺就要求禁用农药，不用化肥，这就符合生产有机大米、优质大米的基本要求。各地要根据当地具体条件，制订出栽培有机稻的操作规程，联合当地的粮食企业，做好有机大米的申报、检测、验证，实施产、加、销一体化。瞄准大米的中高档市场，实施品牌战略，将蟹（虾、鱼）田生产出的优质有机大米，以配送方式直接供应给消费者。不仅大大提高水稻的经济效益，而且充分发挥了稻田种养技术优势，提高了稻田种养技术的地位。

（六）因地制宜，稻田与池塘、湖泊等水体相结合，建立“接力式”的养殖模式

由于稻田栽培的季节性强，养殖对象只能推迟放养或提前上市，这就需要池塘为作为苗种暂养和养成育肥所用。此外，与湖泊、池塘相比，采用稻田养殖，由于水体小、养殖时间短、稻渔矛盾等因素的制约，要在稻田中饲养大规格、高产量的优质水产品有一定困难；但稻田环境对水产苗种培育的制约因子，比养成阶段低得多。特别是有些养殖对象，如黄鳝、小龙虾等，它们的繁殖和育苗就需要创造类似稻田这样的湿地环境。为此，可将稻田与池塘、湖泊养殖结合起来，建立“接力式”养殖模式，发挥各自的优势，提高综合效益。

（七）加强智力开发

开发稻田种养技术，智力投入比财力、物力投入更为优先。只有首先开发当地的智力资源，企业的物力、财力才能有效地得到利用。因此，智力先行，是发展稻田种养新技术的前提。

针对目前稻田种养技术最缺乏技工的现状，建议在稻田种养新技术发达地区，举办稻田种养技术的技工学校，选用技术指导员或种养示范户短期轮训的方法培养技术人才。

（八）采用农业科技入户运行机制，突出“三个效应”

稻田综合种养示范工程不仅为科研、教育和推广的专家们建立一个三结合的平台，而且提供了一个贴近农民、调查研究、总结经验的机会。专家们借助这个平台，真正的贴近农村、贴近了农民，从中学到不少新知识，发现不少新问题，也形成不少新的研究课题。“盘山模式”的诞生、发展和大面积推广，就是通过农业科技入户示范工程这一运行机制进来实现的。

今后，在研发、推广稻田种养技术过程中，要运用好这一行之有效的运行机制，使其产生“平台效应、提升效应和放大效应”。即：一是通过科技入户示范工程的平台，将农业的科技成果，通过科技入户网络快速、直接地转到农民手中，解决科技成果转化为生产力“最后一公里、最后一道坎”问题，使其产生“平台效应”；二是通过科技入户示范工程，提升种养示范户的科技水平和能力水平，使稻田种养产业的整体水平产生“提升效应”；三是通过示范户的辐射带动，使周边的农民迅速掌握种养新技术，辐射带动整个产业的“放大效应”。

各类稻渔综合种养技术综述

一、稻鱼共作综合种养技术

（一）技术概况

以维护和改善稻田生态环境，实现可持续发展为目标，通过运用生态学和现代科学技术，将水产养殖与水稻种植（含水生植物）结合在一起，形成一个新的产业链，使农业资源和能源能够得到多环节、多层次的综合利用，从而达到高产高效的目的。

增产增效情况：在不减少水稻产量的情况下，每亩稻田增加水产品产量50～100千克。而且由于综合利用，可以减少一般稻谷生产的施肥和农药成本50～100元。

（二）技术要点

1. *养鱼稻田的准备* 按SC/T 1009的规定执行，开挖鱼沟、鱼凼，建好防逃设施。

2. *水的管理* 在水稻生长期间，稻田水深应保持在5～10厘米；随水稻长高、鱼体长大，可加深至15厘米；收割稻穗后田水保持水质清新，水深在50厘米以上。

3. *防逃* 平时经常检查拦鱼栅、田埂有无漏洞，暴雨期间加强巡察，及时排洪、清除杂物。

（三）适宜区域

全国。

（四）注意事项

稻种宜选用抗病、防虫品种，减少使用农药。防治水稻病虫害，应选用高效、低毒、低残留农药，主要品种有扑虱灵、稻瘟灵、叶枯灵、多菌灵、井冈霉素。水稻施药前，先疏通鱼沟、鱼溜，加深田水至10厘米以上。粉剂趁早晨稻禾沾有露水时用喷料器喷；水剂宜在晴天露水干后喷雾器以雾状喷出，应把药喷洒在稻禾上。施药时间应掌握在阴天或17:00后。

二、稻鳖共作综合种养技术

（一）技术概述

稻鳖共作，主要包括水稻田种稻的同时放养中华鳖模式和池塘养殖中华鳖的同时种植水稻两种模式。通过水稻与中华鳖的种养结合，中华鳖能摄食水稻病虫害，水稻又能将鳖的残饵及排泄物作为肥料吸收，不仅使得水稻的病虫害明显减少，提高了水稻产量，还改良了养殖环境，产出高品质的商品鳖，起到了养鳖稳粮增收的作用。同时，实行稻鳖生态共作，可以大幅度减少甚至完全不用除草剂、农药和化肥，大幅降低了农业生产面源污染，有效地节约了稻田资源投入，而且产出更大，不仅为市场供给了高质量的大米和水产品，更为农户带来了优质鳖、米品牌、提高综合效益的巨大动力，经济、社会和生态效益显著，符合美丽中国和现代农业的建设需求。

（二）增产增效

稻鳖共作模式，亩产水稻500千克以上，亩产商品鳖300千克，年平均亩效益6 000元以上。其中，浙江清溪鳖业有限公司近年来开展稻鳖共作模式，创建了“清溪牌”系列香米和花、乌鳖；2012年，示范稻鳖共作模式1 400余亩，最高亩产值达到32 400元，亩利润达到13 637元，综合经济效益比单种水稻（稻鳖轮作）和单养甲鱼提高了96%和88%。

（三）技术要点

1. *种稻鳖池改造*　每口池面积在10亩以上，池底泥土保持稻田原样，只平整不挖深。四周挖深30厘米，浇灌混凝土防漏防逃。上面采用砖砌水泥封面，地面墙高1.2米，能保持水位1米。进、排水渠分设，进水渠在砖砌塘埂上做三面光渠道；排水口由PVC弯管控制水位，能排干池水，排灌方便。

2. *稻田改造*　以不破坏耕作层为前提，在稻田四周加固、夯实田埂，田埂截面近直角，并在内侧用水泥浇筑；或四围修筑堤埂，不渗水、不漏水。田埂或堤埂高度以0.8～1米为宜，方便蓄水；顶面宽40～60厘米。防止各稻田的养殖鳖相互间爬行混杂，影响科学饲养。若条件许可，进、排水水渠设在堤埂中间，并在稻田相对成两角的田埂上留有进、排水口，方便排灌。进水口用60目的聚乙烯网布包扎；排水口处平坦且略低于田块其他部位，设一拦水阀门方便排水，并设聚乙烯网拦防止中华鳖逃脱。沟坑的开挖，养鳖稻田沟坑的数量视稻田的面积大小确定，位置紧靠进水口的田角处或中间，形状呈长方形，面积控制在稻田总面积的10%之内，深度50～70厘米。四周可用条石、砖或其他硬质材料和水泥护坡，沟坑埂高出稻田平面40～50厘米。

3. 水稻栽培技术　一般选用单季稻为好。中华鳖养殖过的田块较肥，水稻品种选择以水稻生育期偏早、耐肥抗倒性高、抗病虫能力强且高产稳产的早熟晚粳稻品种为宜，尤其是生产高品质米且栽培上要求增施有机肥和钾肥的水稻品种为好。水稻应选择栽植分蘖数大、比较壮实的秧苗，适时早栽；适宜插秧时间为4月底至5月中旬，10月底水稻收割，能实现有效避虫。

4. 茬口安排　中华鳖放养时间茬口，可以选择水稻种植之前或之后。如水稻亲鳖种养模式，一般在5月初先种早晚粳稻，宜手工插秧；5月中下旬放养亲鳖。水稻商品鳖种养模式分两种：先鳖后稻模式，一般是4月上旬在鳖池中种植水稻（为防止鳖毁坏秧苗，预先将中华鳖圈养在坑内过冬），插秧株数为1株/穴；先稻后鳖模式，一般在5月底至6月上旬种植水稻，插秧株数为2～3株/穴；7月中上旬放养从温室转移出来的中华鳖。水稻稚鳖培育种养模式，一般在6月下旬种植水稻，7月下旬放养当年培育的稚鳖。在水稻收割后至11月底不再投饲，准备冬眠。

5. 生态鳖的养殖　一般水稻亲鳖种养模式，亩放养数在200只左右，放养规格每只为0.4～0.5千克；水稻商品鳖种养模式，亩放养数在600只左右，放养规格每只为0.2～0.4千克；水稻稚鳖培育种养模式，放养当年孵化的幼鳖数可提高到1万只/亩。主要管理措施有：一是清塘消毒。每亩用生石灰150千克干法清塘，清塘后表层土用拖拉机翻耕1次，曝晒消毒。二是科学投饲。日投饵1次，能节省饲料和减少病害发生。在饲料中添加新鲜鱼，提高商品鳖的品质。三是水质管理。采用冬季进水，在处理池中进行过滤消毒。平时少换水或不换水，防止病害传染和减少养殖污染。常年保持水位稳定，为鳖创造安定的环境。四是日常管理。坚持每天早晚巡塘2次，发现异常及时处理。勤记养殖日志，做好3项记录。

（四）注意事项

1. 鳖病防治　采用“预防为主、防治结合”的原则。中华鳖放养前，要用15～20毫克/升的高锰酸钾溶液浸浴15～20分钟；或用1.5%浓度的食盐水浸浴10分钟。稚鳖放养时，要注意茬口衔接技术，温差不宜过大，否则易患病。将经消毒处理的稚鳖连盆移至田水中，缓缓将盆倾斜，让鳖自行爬出，避免鳖体受伤。

2. 水稻病防治　贯彻“预防为主、综合防治”的植保方针，选用抗性品种，实施健身栽培，选择合理茬口、轮作倒茬、灾情期提升水位等措施做好防病工作。

3. 防敌害　及时清除水蛇、水老鼠等敌害生物，驱赶鸟类。如有条件，设置防天敌网和诱虫灯。

（五）适宜区域

各中华鳖养殖省份的粮食种植区，均适宜推广该模式。

三、稻虾共作综合种养技术

（一）技术概述

通过适当的稻田改造工程，营造出适合小龙虾生长繁殖的生态环境，实现稻虾连作、稻虾共作和小龙虾生态繁育，提高稻田种养效益。该技术成果鉴定号：鄂科鉴字[2013]30069006。

增产增效情况：在全省示范推广150万亩。每亩可产小龙虾100～150千克；亩新增效益可达1 000元。预计小龙虾总产量18万吨，总产值40亿元，总增收15亿元。

（二）技术要点

（1）选择地势低、保水性好的稻田，面积10～50亩。

（2）田埂加宽加高加固，开挖稻田环沟，移栽水草，栽植面积10%左右。

（3）清明前，每亩可投放活螺蛳100～200千克。

（4）9月下旬，亩放养规格30克/只左右的亲虾15～25千克，雌雄比例为2∶1。翌年4月下旬，每亩补放规格250～500只/千克的幼虾1.0万～1.5万只。

（5）适时调控水位，保持水中肥度。3月下旬至5月中旬加大投喂，如菜籽饼、豆渣、大豆、螺肉、蚌肉、莴苣叶、黑麦草等。实行轮捕轮放，实现稻虾连作、稻虾共作与小龙虾生态繁育。

（三）适宜区域

全国各地的低洼稻田。

（四）注意事项

在小龙虾生长季节要加强投喂，否则会严重影响小龙虾的产量和规格。

四、北方稻蟹共作综合种养技术

（一）技术概述

稻蟹共作的核心技术是“大垄双行、早放精养、种养结合、稻蟹双赢”。稻田栽插采用大垄双行、边行加密的方式，保证水稻一行不少一穴不缺、测土施肥、四周挖环沟、投放大规格扣蟹、科学投喂，达到水稻增产、河蟹增大的目的。

增产增效情况：采用该项技术，水稻增产5%～17%，增效30%；稻田成蟹产量25～30千克/亩，净收入400～1 200元/亩。水稻和成蟹收入合计1 200～2 000元/亩，每亩效益提高1～2倍。

（二）技术要点

1. 水稻栽培技术

（1）田间工程　养蟹稻田距田埂60～80厘米处挖环沟。环沟上口宽60～80厘米、深40厘米、下底宽25厘米。

（2）测土施肥　采取测土配方施肥方法，在旋地前一次性施入复混肥，使肥效缓慢释放于土壤中，解决常规种稻地表施肥频繁造成水中氨氮过高，抑制河蟹摄食和生长的问题，同时，满足水稻正常生长对肥力的需求。

施肥方法：旋地前一次性施入复混肥40～50千克/亩，分蘖期进行追肥，分2次施氮肥，每次2～3千克/亩，稻田水质氨氮控制在0.3毫克/升以内。

（3）水稻种植　养蟹稻田水稻应选择抗倒伏、抗病力强、高产优质的水稻品种。插秧采用大垄双行、边行加密模式。即改常规模式30厘米行距为20−40−20厘米行距，到9月上旬大垄间还有光照空间，利用边行优势密插、环沟沟边加密，弥补工程占地减少的穴数。插秧时间为5月下旬至6月初。

（4）田间管理

①水位：在不影响水稻正常生长的情况下，尽量加深水层，每3～5天换水1次。

②巡田：坚持每天巡田，注意观察水质变化、河蟹的生长摄食、防逃设施等情况，大雨天要注意防逃。

③农药使用：选用低毒高效的农药，施药时间选择在晴天的上午。

2. 河蟹养殖技术

（1）防逃设施　河蟹放苗前，每个养殖单元在四周田埂上构筑防逃墙。

防逃墙材料采用尼龙薄膜，将薄膜埋入土中10～15厘米，剩余部分高出地面60厘米，其上端用草绳或尼龙绳做内衬，将薄膜裹缚其上，然后每隔40～50厘米用竹竿做桩，将尼龙绳、防逃布拉紧，固定在竹竿上端，接头部位避开拐角处，拐角处做成弧形。

进、排水口设在对角处，进、排水管长出坝面30厘米，设置60～80目的防逃网。

（2）蟹种选择及消毒　选择活力强、肢体完整、规格整齐、体色有光泽的蟹种。同时，还要注意蟹种脱水时间不能过长，肥满度较好。

蟹种规格选择120～160只/千克。

蟹种在放养前要消毒，每立方米水体用20～40克的高锰酸钾或3%～5%的食盐水浸浴5～10分钟。

（3）蟹种暂养　4月中旬至稻田供水之前，选择有水源条件的田块进行先期暂养。蟹种经过消毒后放入暂养池中暂养，暂养池面积应占养蟹稻田总面积的20%，暂养池内设隐蔽物或移栽水草。暂养密度每亩不超过3 000只。蟹种放入暂养池后，就要投喂优质饵料，投饵量按蟹体重的3%～5%观察投喂，并根据水温和摄食量随时调整。

（4）蟹种放养　稻田养殖成蟹放养密度，以400～600只/亩为宜。

河蟹属杂食性，水草是不可缺少的补充和替代饵料，稻田养殖成蟹不用药物除草。根据杂草在平耙地后7天萌发、12～15天生长旺盛的规律，在此期间投放蟹种，可充分利用了杂草这种天然饵料，剩余的杂草人工拔除。

（5）饵料投喂　饵料投喂要做到适时、适量，日投饵量占河蟹总重量的5%～10%。主要采用观察投喂的方法，注意观察天气、水温、水质状况、饵料品种灵活掌握。河蟹养殖前期，饵料品种一般以粗蛋白质含量在30%的全价配合饲料为主；中期，饵料应以植物性饵料为主，如黄豆、豆粕、水草等，搭配全价颗粒饲料，适当补充动物性饵料，做到荤素搭配、青精结合；后期，饵料主要以粗蛋白质含量在30%以上的配合饲料或杂鱼等为主，可以搭配一些高粱、玉米等谷物。

（6）病害防治　蟹病以防为主，防病主要在水质、饵料等环节上加强管理，定期用生石灰或二溴海因消毒水体，也可用生物制剂调节水质。对于蟹病一定要早发现、早治疗，做到对症下药。

（三）适宜区域

北方稻区。

（四）注意事项

稻田养殖大规格河蟹，放苗密度在400只以下，饵料要保质保量，尽量多换水，保证水质清新。

五、稻鳅共作综合种养技术

（一）技术概述

稻田是一个典型的人工生态系统，稻田养殖是种植业、养殖业有机结合的一种生产模式，是对陆生资源十分有效的复合利用。稻田养鱼是我国传统的养殖模式，也是重庆“农业三绝”之一。稻田共生生态系统，是建立在“不与人争粮、不与粮争地”的基础上，根据生态经济学的原理，使稻田生态系统进行良性循环的生态养殖模式。通过人为控制，建立了一个稻鱼共生、相互依赖、相互促进的生态种养系统，鱼在系统中既起到肥田、除害的作用，又可以合理利用水田土地资源、水面资源、生物资源和非生物资源，它融种稻、养鱼、蓄水、增肥地力为一体，集经济、生态和社会效益于一身，具有明显的增水、增收、增粮、增鱼和节地、节肥、节工、节支的“四增四节”效益，在农村各产业中具有明显的效益优势。稻田养鱼不仅不会使稻谷产量受到影响，还会增加稻田稻谷产量。

增产增效情况：稻田综合种养模式充分利用了稻田综合资源，较单纯种稻具有明显的优势，平均亩产水产品50千克以上，单位面积稻谷可增产约10%，鱼米品质好，价值高，比单纯种植水稻效益可提高几倍甚至十几倍，综合生产效益突出。

以重庆为例：2012年，在大足、潼南等14个区县实施稻田综合种养技术。推广面积达到5.3万亩，平均亩产泥鳅等水产品72千克，亩产稻谷530千克，增产约10%，亩均利润达1 500元左右。轻松实现“千斤稻、千元钱”的目标，达到稻谷不减产、效益大提高的目的。此外，通过稻田综合种养试验示范，藕鳅、菱角鳅、莼菜鳅、稻虾、稻蟹、稻鳅蛙等养殖模式发展迅速，效益更为可观。

（二）技术要点

1. 稻田的基本条件　地势平坦，坡度小，水量充足、水质清新无污染，排灌方便、雨季不涝的田块；土质以保水力强的壤土为好，且肥沃疏松腐殖质丰富，呈酸性或中性（pH6.5～7），泥层以深20厘米为宜。稻田养殖面积不宜太大，3亩以内为宜。面积过大，给生产上带来管理不便，投饵不均，起捕难度大，影响泥鳅产量。

2. 水稻品种的选择　适应直播的品种应是耐肥力强、矮秆、抗倒伏、生长期长、高产优质、抗病性能好的品种，选择中稻或晚稻为宜。尽量避免在水稻生长季节施肥、撒药。

3. 稻田工程改造

（1）防逃工程　加固增高田坎，设置防逃板或防逃网。防逃板深入田泥20厘米以上、露出水面40厘米左右。或者用纱窗布沿四周围拦，纱窗布下端埋至硬土中、上端高出水面15～20厘米。在进、出水口安装60目以上的尼龙纱网两层，纱网夯入土中10厘米以上，两层拦网起防逃作用。

（2）鱼沟和鱼凼建设工程　在田间开挖鱼沟，鱼沟可挖成

“一”“十”“田”“井”字等形状，深宽各35厘米。鱼凼设在进、排水口附近或田中央，做到沟沟、沟凼相通，不留死角。鱼凼的面积根据需要可以为长方形、圆形等，深40～60厘米，面积占稻田面积的3%～5%，凼底可铺一层塑料板或者网片，方便捕捞。鱼凼、鱼沟的作用，主要是可以做泥鳅避暑、防寒，施肥、用药的躲避场所，集中捕捞，还可以作为暂养池。

（3）进、排水系统　建设独立的进、排水系统，进水口要高于水面约20厘米。在田坎的另一端，进水口的对角处，设排水口和溢水口。这样在进水、排水和溢水时，能使养鳅池中形成水流，均匀流过稻田，并充分换掉池中的老水，增加池中的新水。排水口要与池底铺设的黏土层等高或稍高，并在进、出水口加设用尼龙网片或金属网片制成的防逃网，防止泥鳅逃逸。溢水口设置于排水口上方，也要设置防逃网。

4. 稻田的结构形式　养鳅稻田的结构形式目前有4种，即沟凼式、田塘式、沟垄式和流水沟式。

（1）沟凼式　在稻田中挖鱼沟、鱼凼，作为鱼的主要栖息场所，一般按“井”“十”字等形挖掘。鱼沟要求分布均匀，四通八达，有利于泥鳅的生长，宽35厘米、深20～30厘米，鱼沟面积占稻田总面积的8%～10%。沟凼式开挖形式多种多样，见图1、图2。

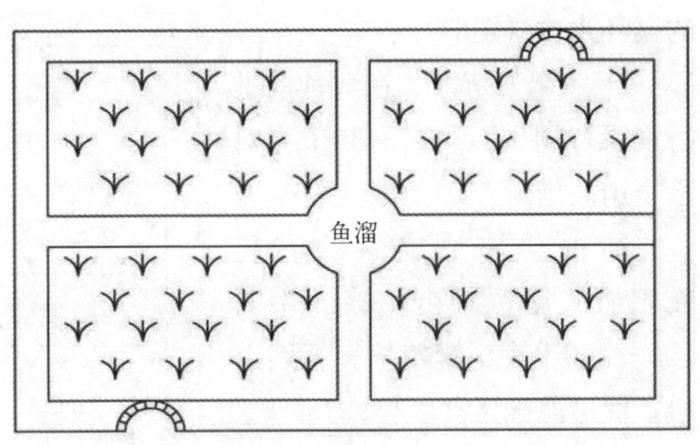

图1　圆形鱼溜开在稻田中心的“田”字溜

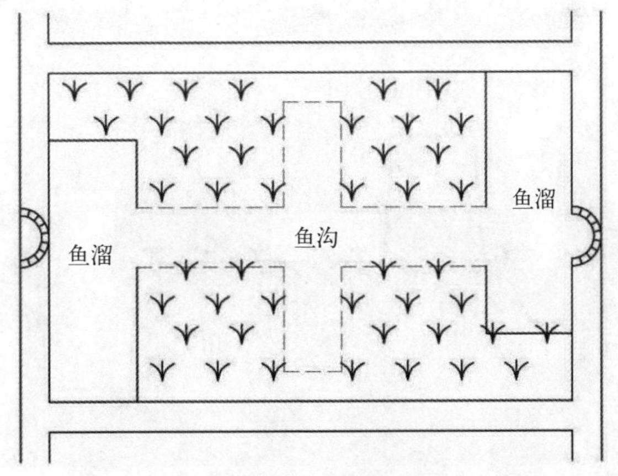

图2　长方形鱼溜开在稻田两侧的“十”字溜

（2）田塘式　田塘式是在稻田内部或外部低洼处，开挖鱼塘。鱼塘与稻田沟沟相通，沟宽、沟深均为50厘米，鱼塘深1～1.5米，占稻田总面积的10%～15%。鳅在田、塘之间自由活动，见图4、图5。

（3）沟垄式　将稻田周围的鱼沟挖宽、挖深，田中间也间隔一定距离挖宽深沟，所有深沟都通鱼凼，鳅可在田中自由的活动，见图6、图7。

（4）流水沟式　在田的一侧开挖占总面积5%左右的鱼凼，挨着鱼凼开挖水沟，围绕田的四周。在鱼凼另一端水沟与鱼凼相通，田中间间隔一定距离开挖数条水沟，均与围沟相通，形成活的循环水体（图8）。

5. *施肥与消毒*　在放种前进行消毒，用生石灰25～30千克对水全田泼洒。

插秧前施足腐熟的有机粪肥做底肥，每亩施猪、牛粪100～200千克，繁殖培育天然饵料，促进泥鳅摄食生长。

6. *苗种放养*

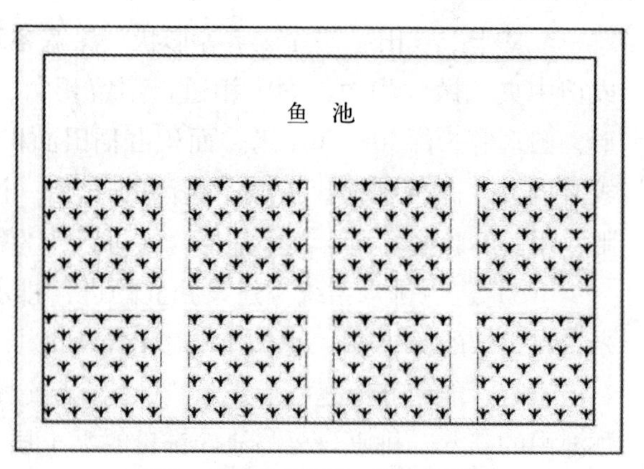

图4　鱼池开在稻田一侧的田塘式

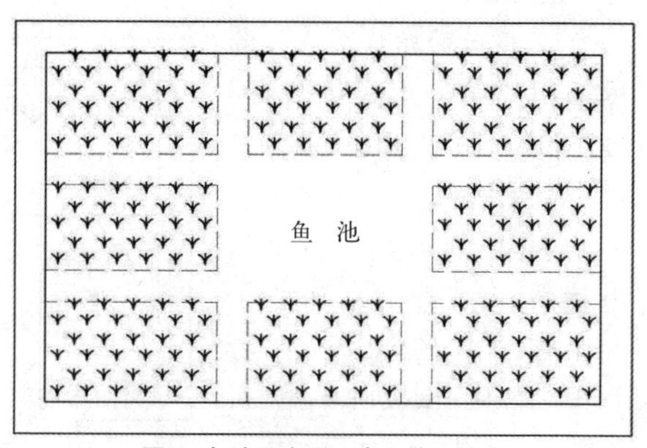

图5　鱼池开在稻田中心的田塘式

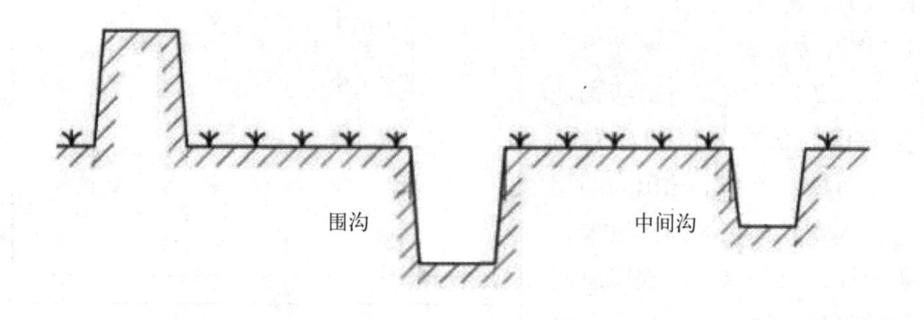

图6　垄稻沟鱼式稻田剖面结构示意图

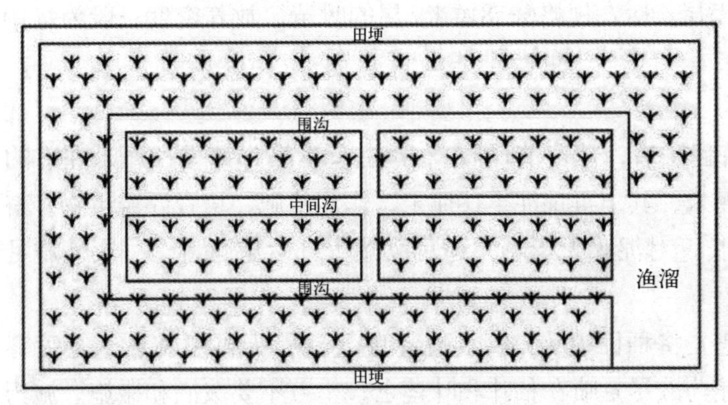

图7　垄稻沟鱼式稻田平面示意图

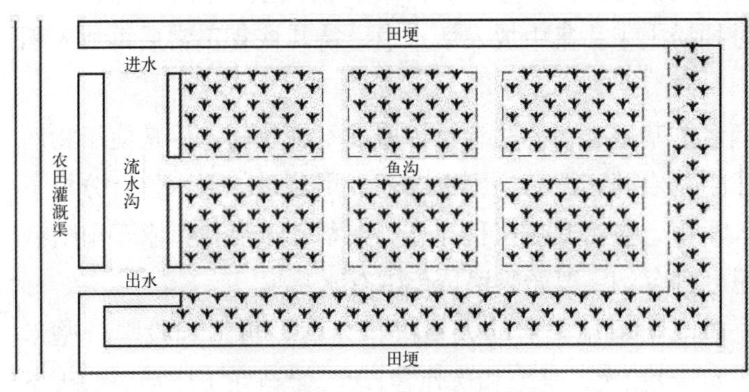

图8　流水沟式稻田平面示意图

（1）放养时间　在早中稻插秧完后即可放苗。一般选择在晴天的下午进行，操作时动作要轻，防止损伤鱼体。

（2）放苗方法　稻鱼同养模式：一般在插秧后放养鳅种，单季稻放养时间宜在第一次除草后放养；双季稻放养时间宜在晚稻插秧后放养。3～5厘米鳅苗放养密度为1万～1.5万尾/亩，规格均一度要好。

稻鳅轮作模式：在早稻收割后，晒田3～4天，每亩撒米糠、菜籽饼150千克，第二天施禽畜粪肥200千克。施肥后，曝晒3～4天，使其腐烂分解。1周后，天然生物饵料比较充足时，放苗。

（3）苗种消毒　鳅苗在下池前要进行严格的鱼体消毒，杀灭鳅苗体表的病原生物，并使泥鳅苗处于应激状态，分泌大量黏液，下池后能防止池中病原生物的侵袭。鱼体消毒的方法是：先将鳅苗集中在1个大容器中，用3%～5%的食盐水或者8～10毫克/升的漂白粉溶液浸洗鳅苗10～15分钟，捞起后再用清水浸泡10分钟左右。然后再放入养鳅池中，具体的消毒时间视鳅苗的反应情况灵活掌握。放苗时要注意将有病、有伤的鳅苗捞出，防止被病菌感染，并使病原扩散，污染水体，引发鱼病。

（4）放养密度　视鳅苗的规格、鳅池条件和技术水平而定。鳅苗规格整齐，体质健壮，水源条件好，饲养水平高，则可适当多放。一般的放养密度为：规格3～4厘米/尾的鳅苗，放养密度为15～20尾/米^2；规格5～6厘米/尾的鳅苗，放养密度为10～15尾/米^2；规格6～8厘米/尾的鳅苗，放养密度一般为每10尾/米^2。

7. 日常管理

（1）施肥　晒田翻耕后，放苗前1周左右，在鱼凼底部铺设10厘米左右的有机肥，上铺稻草10厘米，其上再铺泥土10厘米，作为基肥，培育浮游生物。畜禽粪肥肥效慢、肥效长，对泥鳅无影响，还可以减少日后施肥量，一次性施足1 000千克以上。

（2）施药　一是先将稻田喷施1/2，剩余的1/2隔1天再喷施；二是喷雾时，喷嘴必须朝上，让药液尽量喷在稻叶和叶茎上，千万不要泼洒和撒施。施药时间：阴天或晴天的16:00左右。施药前必须准备好加水设备，以防泥鳅中毒后能及时加水。施药后要勤观察、勤巡田，发现泥鳅出现昏迷、迟钝的现象，要立即加注新水或将其及时捕捞上来，集中放入活水中，待其恢复正常后再放入稻田。

在兼顾泥鳅与稻谷两者的基础上，应注意：少施或不施农药，尽量使用物理方法杀虫（杀虫灯等）或生物农药，严禁施剧毒农药，用药时加深水位；分批下药，切忌将农药直接投入水中，应将其喷在稻叶上，在稻叶干后，露水干前喷洒效果最好；晒田要把泥鳅赶到鱼凼，要始终保持鱼凼有水。

（3）饲料投喂　一般以稻田施肥后的天然饵料为食，再适当投喂一些米糠、蚕蛹、畜禽内脏等。每天投2次，早上和傍晚各1次。鳅苗在下田后5～7天不投喂饲料，之后，每隔3～4天投喂米糠、麦麸、各种饼粕粉料的混合物、配合饲料。日投喂量为田中泥鳅总重量的3%～5%；具体投喂量应结合水温的高低和泥鳅的吃食情况灵活掌握。至11月中下旬水温降低，便可减投或停止投喂。在饲养期间，还应定期将小杂鱼、动物下脚料等动物性饲料磨成浆投喂。

（4）水质管理　水质的好坏，对泥鳅的生长发育至关重要。泥鳅虽然对环境的适应性较强，耐肥水，但是如果水质恶化严重，不仅影响泥鳅的生长，而且还会引发疾病。饲养泥鳅的水要保持肥、活、嫩、爽，水色以黄绿色为佳，溶氧要保持2毫克/升以上，pH保持在6.5～7.5（一般池塘养殖时间长了均呈酸性，主要是氨氮含量增高）。

（5）防逃管理　泥鳅善逃，当进、排水口的防逃网片破损，或池壁崩塌有裂缝外通时，泥鳅便会随水流逃逸，甚至可以在一夜之间全部逃光。另外在下雨时，要防止溢水口堵塞，发生漫田逃鳅。

（6）防病管理　高温季节定期加注新水，换掉老水，每半个月1次。当水质恶化严重时，应定期用生石灰在鱼凼、鱼沟泼洒，消毒，调控水质。

（7）防生物敌害　在田埂四周外侧用网片、塑料薄膜等材料埋设防敌害（蛇、蛙等）设备，高度以青蛙跳不过为宜，一般为1米左右。到育苗后期，在稻田上方还要架设用丝线等材料制作的防鸟网或者树立稻草人。

（8）水草移植　由于泥鳅苗种比较娇嫩，出膜后游动能力很差，所以在环沟中应当布置一些水草供泥鳅苗种下塘时附着栖息，同时，水草还可用以净化水质。水草一般选用苦草、轮叶藻等，移植面积约占养殖面积的10%左右。如果水草过多生长，要及时捞除。水草移植时要用漂白粉消毒，杀死水草上黏附的鱼、蛙卵和水蛭等敌害生物以及病原体。

8.泥鳅的捕捞

（1）笼捕　一是在编织的鳅笼中放诱饵捕捉；二是将塑料盆用聚乙烯密眼网片把盆口密封，盆内置放诱饵，在盆正中的位置开1厘米大的2～3个小洞，供泥鳅进入而捕捉。

（2）冲水捕捉　采取在稻田的进水口缓慢进水，而在出水口设置好接泥鳅的网箱，打开出水口让泥鳅随水流慢慢进入网箱而起捕。

（3）干田捕捉　排干稻田水，捕捉泥鳅。

（三）适宜区域

全国稻作区。

（四）注意事项

（1）发展稻田综合种养适宜规模化发展，集中连片，方能充分发挥综合效益。

（2）做好进、排水设施改造，提高防洪抗旱的能力。

（3）增高加固田坎，防逃网要深挖，防止泥鳅逃逸。

（4）注重鱼米品牌打造和价值开发，提高产品质量和效益。

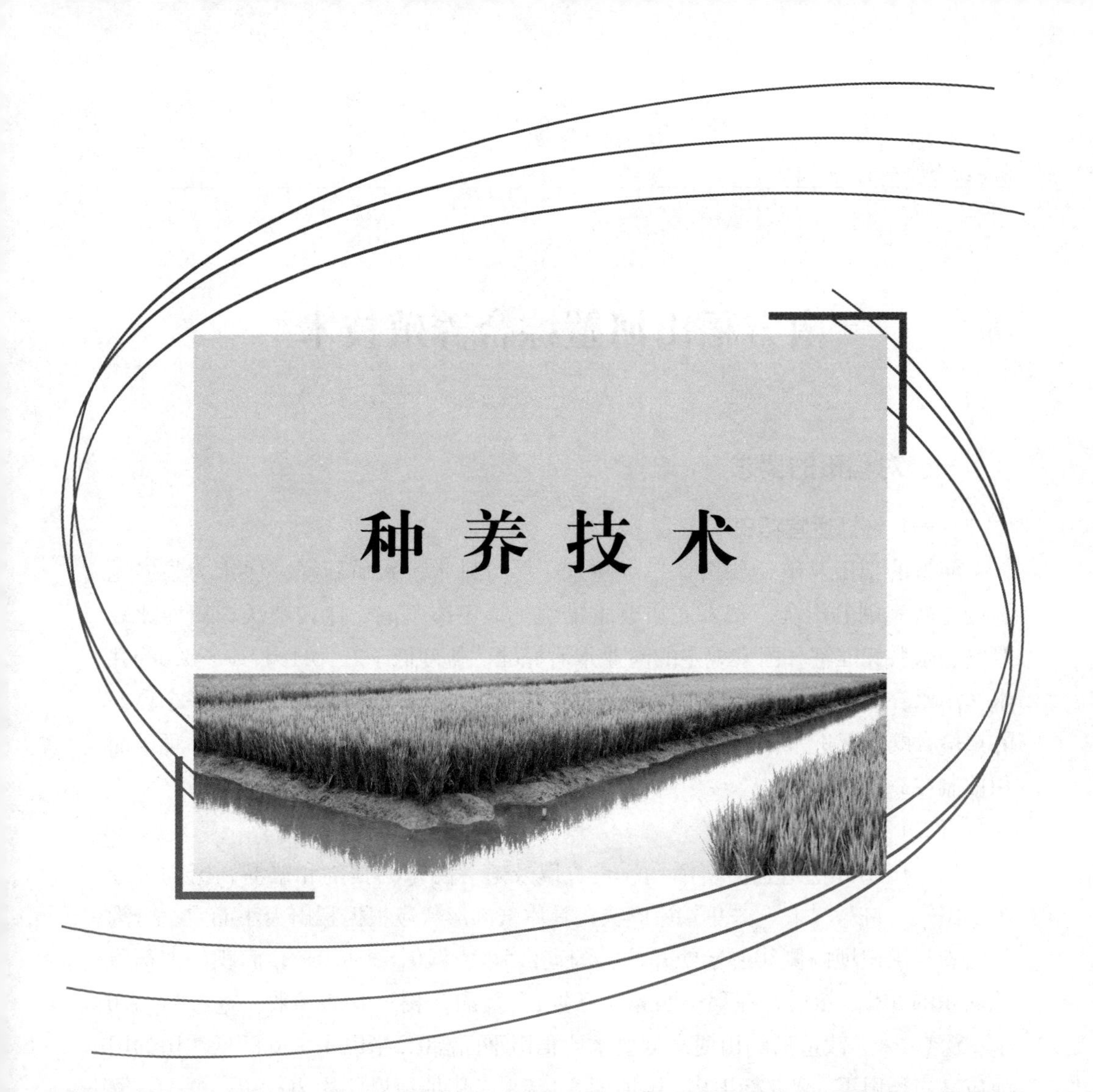

种养技术

南方稻田河蟹综合养殖技术

一、对稻田的要求

（一）选择适宜稻田

河蟹的稻田养殖，要选择旱可注水、涝可排水、水质新鲜、保水力强、无污染、较规则的田块。蟹田底质要求黏壤土，不渗不漏，比较肥沃，田埂比较厚实。水质标准符合国家规定的渔业水质标准，盐度低于2，pH为7.0～8.6的井水、溪水、河水及水库蓄水，均可作为养蟹水源。这样的田块可以创造一个良好的环境，既能促进水稻生长、又能保证河蟹的健康生长，实现增产增收。稻田面积控制在3～5亩为宜。

（二）改造稻田

在稻田中开挖适宜河蟹活动、觅食以及避暑防寒的蟹沟和蟹溜。蟹沟可分为“田”“口”“十”“井”等形状，具体蟹沟形状应根据稻田大小而定。蟹沟是沿着稻田田埂内侧50厘米处开挖，沟宽1.5米、深0.8～1.0米，面积约占稻田总面积的20%。然后，在稻田四角各开挖1个蟹溜，长3.0～5.0米、宽2.0～3.0米、深1.2米。改造后的田埂高度要求比稻田平面高0.5米以上，湖区低洼田的田埂应高出稻田平面0.8米以上，田埂面宽1.5米，田埂坡度比约为1∶2。蟹沟、蟹溜的开挖时间一般应该在插秧前平整土地时进行，开沟、挖溜后再插秧。但在放蟹前，需重新清理蟹沟和蟹溜。

（三）防逃设施与进、排水系统

为了防止河蟹外逃和敌害进入稻田，稻田必需建造防逃设施。因为河蟹喜掘穴而居，容易破坏田埂，所以应在田埂内侧用石棉瓦，表面光滑的瓷砖、砖墙、厚实的塑料膜等材料防护。另外，田埂上也需利用尼龙网防护，要求在内侧表面附一层薄膜，以防河蟹攀爬逃逸。并要求把尼龙网埋于田埂地面以下20～30厘米，超出地面部分约50厘米。进水口和排水口应对角设置，进水口一般建在田埂上，排水口则应建在沟渠最低处，进、排水口的大小，可根据田的大小和下暴雨时进水量等情况而定。一般进水口控制在宽为30～50厘米，排水口为50～80厘米。必须在进、排水口处都安装拦蟹栅，以防逃蟹。

（四）搭建饵料台

饵料台的搭建，是为了定点投喂和方便一些日常管理。具体搭建方法为：在4个蟹溜中各放置1块长和宽各为2.0米的木板作为饵料台，用竹竿将木板四角固定，确保饵料台固定在水面下约20厘米处。

二、水稻的栽种以及蟹种的放养

（一）水稻的栽种

稻田养河蟹后，水田变成“稻蟹共生”的复合体。养蟹稻田的水稻品种，应选择生长期较长、株型紧凑、苇秆坚硬、抗倒伏、耐肥、抗病虫害以及高产、高抗品种。秧苗类型以壮秧、长龄、多蘖、大苗栽培为主。栽种时间为5月中旬为宜，栽种方式以宽行窄株条栽为宜。行距×株距为（26～30）厘米×（12～13）厘米较好。

（二）蟹种放养

由于稻谷的生长时间有限，稻田养蟹一般只进行成品蟹生产，每亩稻田可放养规格为100～200只/千克的扣蟹10千克。要选择体格健壮、活动力强、健康无伤病的蟹种入田，并且在放养前蟹种需用3%～5%的食盐水浸泡5分钟。由于放养的蟹种规格较小，对水稻秧苗破坏力较小，蟹种投放可以在插秧结束2～3天后进行。

三、日常管理

（一）饵料投喂

河蟹以水生植物、有机碎屑、底栖动物及动物尸体为食。在人工养殖中，投喂的小杂鱼和螺蚌肉等动物性饵料是河蟹的最爱。河蟹昼伏夜出，白天多隐藏在石块、水草丛中，傍晚出来活动、觅食，因此，在稻田养殖时需驯化为白天摄食。训食方法为：饲养刚开始阶段，在傍晚将饵料投放在饵料台上，以后再将投喂时间慢慢提前，把每天投喂时间控制在9:00～10:00、16:00～17:00。

投喂方法严格遵守“四定”（定时、定点、定量、定质）原则，具体日投喂量视当天的天气、水温、活饵等情况而定，一般以2小时左右能吃完为宜。在河蟹生长旺季，应增加饲料投喂量，并适时适量在饲料中加入粗纤维、蛋白质以及人工合成的蜕壳素，以防止发生蜕壳不遂病。

投喂还应注意：天气晴好多投，连续阴雨天、高温闷热或水质过浓则少投；大批蟹蜕壳时应少投，蜕壳后应多投。

（二）水位控制与水质调控

5月上、中旬，为了方便耕作和插秧，将水位适当提高至30～35厘米。投放蟹苗后，根据不同生长期水稻对水位的不同要求以及河蟹在不同时期的生长需求，相应增减水位。换水应做到：春季，每10天左右换1次水；夏季温度较高，每7天左右换1次水，水温变化应该控制在±3℃以内。换水时，还应注意把死角水放出。蜕壳高峰期可适当注新水，不必换水。高温季节，在不影响水稻正常生长的情况下，应尽量提高稻田水位。

水质调控主要采取的措施有适时换水、及时清除水中污物、合理投饵等。每隔10～15天泼洒1次生石灰水，用量为10～15千克/亩。每隔半个月，施用微生物制剂和底质改良剂调节水质。同时，根据水质及水草的生长情况适时施肥，前期适量，中期少施，后期不施。施肥时应优先考虑生物肥料，生物肥料肥效快、污染少。

（三）农作物病害防治

河蟹可以捕食稻田中的昆虫及虫卵，因此，水稻虫害一般较少，通常不需要施农药。如果出现了特殊情况，可用喷洒生物BT，在有效杀灭水稻纵卷叶螟的同时，对河蟹无任何毒害作用。

施药时，可在药液中加入适量黏附剂，并将喷嘴朝上且贴近水稻，以让药液尽量喷洒在稻叶上。如果条件允许，在施药的同时，使稻田内水处于微流状态，不断稀释落入水中药液的浓度，确保河蟹不会中毒。

（四）河蟹病害防治

河蟹的病害防治，应严格遵守 “预防为主、防治结合”的原则。河蟹的常发疾病有肠炎病、烂鳃病等，平时要坚持严格巡田，观察蟹的生长和活动情况，发现异常及时采取措施治疗。河蟹常见疾病的诊断和治疗，可参考以下方法：

1. *肠炎病*　病蟹肛门肿胀，活动力弱。用板蓝根类、大黄类等拌入饵料投喂，如果不吃食，可用三黄粉或大蒜素全池泼洒。

2. *烂鳃病*　病蟹鳃丝发黑，局部发生霉烂。用2毫克/升的漂白粉全池泼洒，可以起到较好的治疗效果。

（五）越冬管理

稻田养河蟹一般在9月底就可陆续上市，但如果放养的当年蟹苗规格偏小，年内还达不到上市规格，就需留在稻田内越冬。当水温降到10℃以下时，河蟹很少摄食，活动力也大大减弱；当水温降至6℃以下时，河蟹就会钻到洞穴里面，停止一切活动，即已经进入冬眠期。

在河蟹越冬前和越冬时，采取一些预防性措施，可以大大降低越冬时的死亡率。越冬前，增加蟹沟中水花生的种植面积，覆盖面积最好能占到水面的2/3，并在池底放置好红砖和石棉瓦作为洞穴，覆盖面积约占沟底的1/3，保持水深在0.9米左右。除此之外，当越冬前河蟹活动能力较强的时候，适当多投喂饵料，以保证河蟹能够积累足够能量来越冬。越冬时，应做到定期消毒、加注新水，每隔10～15天换1次水。每次换水温差控制在±3℃以内，以防河蟹感冒致病。

（六）注意事项

经常巡田，检查河蟹摄食、生长、活动情况以及防逃设施，严禁家禽及其他敌害进入田间。稻田施药后，更应该频繁观察河蟹的活动情况，一旦发现稻田中河蟹出现异常现象，应立即采取加注新水、排出老水以及泼洒解毒剂等急救措施。

四、河蟹捕捞

一般在9月中旬开始，就可以陆续捕捞达到商品规格的河蟹，未达到上市规格的河蟹可继续留在田中养殖。河蟹捕捞的方法：袖网拦截法。具体是利用稻田向外排水时，河蟹随水流而下，在出水口处布置好袖网，大量的河蟹就进入袖网被捕捞，剩余少量没有被捕捞的河蟹，可人工收捕，或在翌日加水再次放流进行捕捞。另外，也可采用效果较好的地笼网捕捞，在傍晚将地笼网放于蟹沟内，翌日清晨起笼收蟹。

江苏稻田小龙虾种养技术

随着市场需求的加大，天然产量的减少，小龙虾近几年来价格一直走俏，养殖前景也越来越好。江苏省等省份，将稻田小龙虾种养技术作为科技入户项目中的重点推进项目。稻田养小龙虾，是利用稻田的浅水环境，辅以人为措施，既种稻又养虾，以废补缺、化害为利、互利助长，以提高稻田单位面积效益的一种生产形式。

一、稻田的选择

稻田应选择靠近水源、水量充足、周围没有污染源的田块。稻田以壤土为好。稻田周围没有高大树木。桥涵闸站配套，同时要达到“三通”。

二、田间工程建设

稻田田间工程建设，包括田埂加宽、加高、加固，进、排水口设置过滤、防逃设施，环形沟、田间沟的开挖，建人造洞穴，安置遮阴篷等工程。沿稻田田埂内侧四周开挖环形养虾沟，沟宽3～5米、深0.8米，坡比为1：2.5。同时，在田中间开挖“十”“井”字形田间沟，田间沟宽1米、深0.6米，环形沟和田间沟面积约占稻田面积20%左右；利用开挖环形沟和田间沟挖出的泥土加固、加高、加宽田埂，平整田面，田埂加固时，每加一层泥土都要进行夯实，以防以后雷阵雨、暴风雨时使田埂坍塌。如有条件，最好用塑料薄膜覆盖田埂内坡，以防虾打洞逃逸。

三、设置增氧设备

微孔增氧设备由增养机、主管道、砂头管和砂头组成。在稻田四周设置直径4厘米的大管道，在田间沟设置直径1厘米的小管道，并与罗茨鼓风机连接好，功率配置为0.1千瓦/亩。增氧机固定在铁架上，远离稻田放置，开机时以不影响龙虾活动为宜。在生产季节，增氧机一般阴雨天24小时开机，晴天下半夜开机6小时。具体开机时间和长短，还要根据小龙虾的存塘量、健康情况和水质等因素综合考虑。

四、水草种植

环形沟及田间沟内栽植轮叶黑藻、伊乐藻、苦草等水生植物。但要控制水草的面积，一般水草面积占环形沟面积的40%～50%、田间沟面积的20%左右，以零星分布为好，不要聚集在一起，这样有利于虾沟内水流畅通无阻塞。

五、苗种放养

本试验采取秋放的形式。秋季放养以3厘米左右的种虾为主，放养时间在10月中旬，每平方米养虾沟放20～25尾。特别注意的是，在保证苗种质量的基础上，还要做到苗种规格要一致，附肢齐全，体质健壮，活动敏捷，同时要一次放足。苗种的放养时间一般都在晴天早晨，在放养前最好用3%～5%的盐水浸洗10分钟，以达到消毒的目的。

六、饲料投喂

饲料选择小龙虾适口的饲料，如螺蛳和优质杂鱼。同时，可选用优质的全价配合饲料，投饲量根据放养虾种的数量、重量和所投饲饵的种类制订年投饲总量，根据当地的气候条件、水温变化，按照年投饵量制订月投饵计划；3～8月是小龙虾快速生长期，这几个月的投饵量占全年的50%～60%；进入高温期，小龙虾生长滞缓，此期投饵量占6%～8%；9月中下旬至11月底是小龙虾育肥期，投饵量应为全年的30%；越冬时也应视天气适当投饵。

投饵方法上坚持“四定”“四看”。“四定”，即定时、定质、定量、定位；“四看”，即看季节、看水色、看天气、看虾吃食和活动情况。根据情况，确定投饵量。

七、田间管理

1. *晒田*　稻谷晒田宜轻烤，不能完全将田水排干。水位降低到田面露出即可，而且时间不宜过长。

2. *施肥*　原则是“重施基肥，轻施追肥；重施农家肥，巧施化肥；少量多次，分片多次”。稻田基肥要施足，占70%以上，应以施腐熟的有机农家肥为主，在插秧前一次施入耕作层内，达到肥力持久长效的目的。注意，不要在虾进塘前的10～15天内再施化肥。

3. *施药*　原则上能不用药时坚决不用，需要用药时则选用高效低毒的无公害农药和生物制剂。施农药时要注意严格把握农药安全使用浓度，确保小龙虾的安全，并要求喷药于水稻叶面，尽量不喷入水中，而且最好分区用药。分区用药的含义是，将稻田分成若干个小区，每天只对其中一个小区用药。一般将稻田分成2个小区，交替轮换用药。在对稻田的一个小区用药时，小龙虾可自行进入另一个小区，避免伤害。水稻施用药物，应严禁使用含菊酯类的杀虫剂，以免对小龙虾造成危害。喷雾水剂宜在晴天露水干后或下午进行，因稻叶下午干燥，大部分药液吸附在水稻上。同时，施药前田间加水20厘米，喷药后及时换水。

八、水质调节

1. 调“新” 即注换新水：放种虾半个月后，隔10天降水10厘米至低水位，让种虾打洞越冬；3～4月，每10～15天加1次水，每次加水10厘米至正常水位；7～9月高温季节，每周换水1～2次，每次换水1/3；10月后，每5～10天换1次，每次换水1/4～1/3。换水要先排除部分老水，再加注新水。换水时，水位要保持相对稳定。换水时间通常宜选在11：00，待河水水温与稻田水温基本接近时再进行，温差不宜过大。

2. 调“优” 即调节溶氧：将溶氧控制在4.5～5毫克/升。适时开启增氧设施，在高温季节每2小时开1次，每次20分钟；其他时间每4小时开启1次，每次20分钟。

九、小结与体会

（1）近几年，尤其是中国加入WTO后，国内外市场对产品质量的要求越来越严格。国外的“绿色壁垒”，国内的“绿色消费”，迫切需要我们提供越来越多的无公害水产品。本试验就是迎合这种需要而进行的。本试验中生产的稻谷因药物使用少，基本上是无机食品，在市场上很受消费者青睐，价格也高出正常稻谷许多。

（2）小龙虾进稻田，可以合理利用水体空间，把植物和动物、种植业和养殖业有机结合起来，立体化生产，能更好地保持农田生态系统物质和能量的循环使用；既可增加收入，又可维护良好的水域生态环境，减少水域污染和疾病的发生，降低生产成本，每亩可增加收入600～800元。这种养殖模式值得推广。

（3）采用微孔增氧设施，在增加水体溶氧的同时，增加了小龙虾的产量，提高了小龙虾的规格及品质，具有一本万利的功效。微孔增氧适宜在水产养殖中大力推广应用，包括精养池塘。

湖北虾稻共生生态高效养殖技术

湖北省潜江市是“虾稻连作”的发源地，潜江小龙虾在养殖规模、加工能力、出口创汇方面在全省乃至全国小龙虾产业中占有举足轻重的地位，被评为“中国小龙虾之乡”和“中国小龙虾加工出口第一市”。

潜江市水草资源丰富，水质清新，适宜小龙虾养殖的低湖田面积非常广阔，全市适养面积近40万亩，发展小龙虾养殖自然条件优越。通过治理改造，实施虾稻共生空间较大。近年来，随着市场需求量逐步扩大，小龙虾养殖表现出较高的经济效益和广阔的市场前景，成为养殖结构调整的重要对象。2012年，全市共有池塘养殖面积2万亩，稻田养虾面积18.9万亩，养殖产量3.8万吨，创产值6.7亿元。其中，虾稻共生面积1万亩，养殖产量2 500吨，创产值0.6亿元。

2013年，全市发展虾稻共生面积5万亩，使全市稻田养虾总面积达到22万亩。平均单产250千克/亩，年产小龙虾4.4万吨，产值8亿元。

一、虾稻共生模式介绍

虾稻共生模式是在“虾稻连作”基础上发展而来的，“虾稻共生”变过去“一稻一虾”为“一稻两虾”，延长了小龙虾在稻田的生长期，实现了一季双收，在很大程度上提高了养殖产量和效益。此外，“虾稻共生”模式还有很大延

伸发展空间，如“虾鳖稻”“虾蟹稻”“虾鳅稻”等养殖模式。不仅提高了复种指数，增加了单位产出，而且拓宽了农民增收渠道，是一种更先进的养殖模式。

所谓虾稻共生，是指利用稻田种一季中稻、全程养虾的种养结合的生态高效养殖模式。具体地说，就是种一季中稻、养两季虾。即每年的8～9月中稻收割前投放亲虾，或9～10月中稻收割后投放幼虾，翌年4月中旬至5月下旬收获成虾，同时补投幼虾，5月底、6月初整田、插秧，8、9月收获亲虾或商品虾，如此循环轮替的过程（图1）。

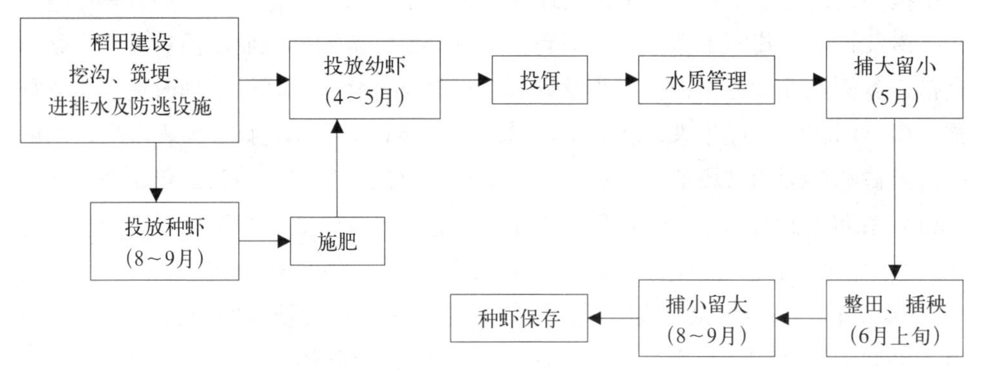

图1　虾稻共生技术方案流程图

二、虾稻共生技术

（一）养虾稻田环境条件

（1）养虾稻田应是生态环境良好，远离污染源；不含沙土，保水性能好的稻田。

（2）水源充足，排灌方便、不受洪水淹没。

（3）面积大小不限，一般以50亩为宜。

（二）稻田改造

1. 挖沟　沿稻田田埂外缘向稻田内7～8米处，开挖环形沟，堤脚距沟2米开挖，沟宽3～4米、深1～1.5米。稻田面积达到100亩的，还要在田中间开挖“十”字形田间沟，沟宽1～2米、深0.8米。

2. 筑埂　利用开挖环形沟挖出的泥土，加固、加高、加宽田埂。田埂加固时，每加一层泥土都要进行夯实，以防渗水或暴风雨使田埂坍塌。田埂应高于田面0.6～0.8米，埂宽5～6米、顶部宽2～3米。

3. 防逃设施　稻田排水口和田埂上应设防逃网。排水口的防逃网应为8孔/厘米（相当于20目）的网片；田埂上的防逃网应用水泥瓦做材料，防逃网高40厘米。

4. 进、排水设施　进、排水口分别位于稻田两端，进水渠道建在稻田一端的田埂上，进水口用20目的长形网袋过滤进水，防止敌害生物随水流进入。排水口建在稻田另一端环形沟的低处。按照高灌低排的格局，保证水灌得进、排得出。

（三）移栽植物和投放有益生物

虾沟消毒3～5天后，在沟内移栽水生植物，如轮叶黑藻、马来眼子菜、水花生等，栽植面积控制在10%左右。在虾种投放前后，沟内再投放一些有益生物，如水蚯蚓（投0.3～0.5千克/米^2）、田螺（投8～10个/米^2）、河蚌（放3～4个/米^2）等。既可净化水质，又能为小龙虾提供丰富的天然饵料。

（四）养殖模式

1. 投放亲虾养殖模式　每年的8月底至9月，往稻田的环形沟和田间沟中投放亲虾，每亩投放20～30千克。

（1）亲虾的选择　选择亲虾的标准如下：

①颜色暗红或深红色、有光泽、体表光滑无附着物。

②个体大，雌、雄性个体重应在35克以上，雄性个体宜大于雌性个体。

③雌、雄性亲虾应附肢齐全、无损伤，无病害，体格健壮，活动能力强。

（2）亲虾投放

①亲虾来源：亲虾应从养殖场和天然水域中挑选。

②亲虾运输：挑选好的亲虾，用不同颜色的塑料虾筐按雌雄分装，每筐上面放一层水草，保持潮湿，避免太阳直晒。运输时间应不超过10小时，运输时间越短越好。

③亲虾投放前，环形沟和田间沟应移植40%～60%面积的漂浮植物。

④亲虾投放：亲虾按雌、雄性比（2～3）：1投放。投放时将虾筐反复浸入水中2～3次，每次1～2分钟，使亲虾适应水温，然后投放在环形沟和田间沟中。

2. 投放幼虾养殖模式　如果是第一年养殖，错过了投放亲虾的最佳时机，可以在4～5月投放幼虾，每亩投放规格为2～3厘米的幼虾1万尾左右。如果是续养稻田，应在6月上旬插秧后，立即酌情补投幼虾。

（五）饲养管理

1. 投饲　8月底投放的亲虾，除自行摄食稻田中的有机碎屑、浮游动物、水生昆虫、周丛生物及水草等天然饵料外，宜少量投喂动物性饲料，每天投喂量为亲虾总重的1%。12月前每月宜投1次水草，水草用量为150千克/亩；施1次腐熟的农家肥，农家肥用量为100～150千克/亩。每周宜在田埂边的平台浅水处投喂1次动物性饲料，投喂量一般以虾总重量的2%～5%为宜，具体投喂量应根据气候和虾的摄食情况调整。当水温低于12℃时，可不投喂。翌年3月，当水温上升到16℃以上，每个月投2次水草，水草用量为100～150千克/亩；施1次腐熟的农家肥，农家肥用量为50～100千克/亩；每周投喂1次动物性饲料，用量为0.5～1.0千克/亩；每天傍晚还应投喂1次人工饲料，投喂量为稻田存虾重量的1%～4%。可用的饲料有饼粕、麸皮、米糠、豆渣等。

2. 经常巡查，调控水深　11～12月，保持田面水深30～50厘米。随着气温的下降，逐渐加深水位至40～60厘米。翌年的3月水温回升时，用调节水深的办法来控制水温，促使水温更适合小龙虾的生长。调控的方法是：晴天有太阳时，水可浅些，让太阳晒水，以便水温尽快回升；阴雨天或寒冷天气，水应深些，以免水温下降。

3. 防止敌害　稻田的肉食性鱼类（如黑鱼、鳝、鲇等）、老鼠、水蛇、蛙类以及各种鸟类及水禽等，均能捕食小龙虾。为防止这些敌害动物进入稻田，要求采取措施加以防备。如对肉食性鱼类，可在进水过程中用密网拦滤，将其拒于稻田之外；对鼠类，应在稻田埂上多设些鼠夹、鼠笼加以捕猎，或投放鼠药加以毒杀；对于蛙类的有效办法是，在夜间加以捕捉；对于鸟类、水禽等，主要办法是进行驱赶。

（六）水稻栽培

1. 水稻品种选择　养虾稻田一般只种一季稻。水稻品种要选择叶片开张角度小、抗病虫害、抗倒伏且耐肥性强的紧穗型品种。

2. 稻田整理　稻田整理时，田间还存有大量小龙虾。为保证小龙虾不受影响，建议：一是采用稻田免耕抛秧技术，所谓“免耕”，是指水稻移植前稻田不经任何翻耕犁耙；二是采取围埂办法，即在靠近虾沟的田面，围上一周高30厘米、宽20厘米的土埂，将环沟和田面分隔开，以利于田面整理。要求整田时间尽可能短，以免沟中小龙虾因长时间密度过大而造成不必要的损失。

3. 施足基肥　对于养虾一年以上的稻田，由于稻田中已存有大量稻草和小龙虾，腐烂后的稻草和小龙虾粪便，为水稻提供了足量的有机肥源，一般不需施肥。而对于第一年养虾的稻田，可以在插秧前的10～15天，亩施用农家肥200～300千克、尿素10～15千克，均匀撒在田面并用机器翻耕耙匀。

4. 秧苗移植　秧苗一般在6月中旬开始移植，采取浅水栽插、条栽与边行密植相结合的方法，养虾稻田宜提早10天左右。无论是采用抛秧法还是常规栽秧法，都要充分发挥宽行稀植和边坡优势技术，移植密度以30厘米×15厘米为宜，以确保小龙虾生活环境通风透气性能好。

（七）稻田管理

1. *水位控制* 稻田水位控制基本原则是：平时水沿堤，晒田水位低，虾沟为保障，确保不伤虾。具体为：3月，为提高稻田内水温，促使小龙虾尽早出洞觅食，稻田水位一般控制在30厘米左右；4月中旬以后，稻田水温已基本稳定在20℃以上，为使稻田内水温始终稳定在20～30℃，以利于小龙虾生长，避免提前硬壳老化，稻田水位应逐渐提高至50～60厘米；越冬期前的10～11月，稻田水位以控制在30厘米左右为宜，这样既能够让稻茺露出水面10厘米左右，使部分稻茺再生，又可避免因稻茺全部淹没水下，导致稻田水质过肥缺氧，而影响小龙虾的生长；越冬期间，要适当提高水位进行保温，一般控制在40～50厘米。

2. *合理施肥* 为促进水稻稳定生长，保持中期不脱力，后期不早衰，群体易控制。在发现水稻脱肥时，建议施用既能促进水稻生长、降低水稻病虫害，又不会对小龙虾产生有害影响的生物复合肥（具体施用量参照生物复合肥使用说明）。其施肥方法是：先排浅田水，让虾集中到环沟中再施肥，这样有助于肥料迅速沉淀于底泥并被田泥和禾苗吸收，随即加深田水至正常深度；也可采取少量多次、分片撒肥或根外施肥的方法，严禁使用对小龙虾有害的化肥，如氨水和碳酸氢铵等。

3. *科学晒田* 晒田总体要求是轻晒或短期晒，即晒田时，使田块中间不陷脚，田边表土不裂缝和发白，以见水稻浮根泛白为适度。田晒好后，应及时恢复原水位，尽可能不要晒得太久，以免导致环沟小龙虾因长时间密度过大而产生不利影响。

（八）常见疾病及防治

小龙虾常见疾病见表1。

（九）捕捞

1. *成虾捕捞*

（1）捕捞时间 第一季捕捞时间从4月中旬开始，至5月中下旬结束；第二季捕捞时间从8月上旬开始，至9月底结束。

（2）捕捞工具 捕捞工具主要是地笼。地笼网眼规格应为2.5～3.0厘米，保证成虾被捕捞，幼虾能通过网眼跑掉。成虾规格宜控制在30克/尾以上。

（3）捕捞方法 虾稻共生模式中，成虾捕捞时间至为关键，为延长小龙虾生长时间，提高小龙虾规格，提升小龙虾产品质量，一般要求小龙虾达到最佳规

表1 病虫害防治

病名	病原	症 状	防治方法
甲壳溃烂病	细菌	初期病虾甲壳局部出现颜色较深的斑点，然后斑点边缘溃烂，出现空洞	①避免损伤 ②饲料要投足，防止争斗 ③用10～15千克/亩的生石灰兑水全池泼洒；或用2～3克/米^{3}的漂白粉全池泼洒。但生石灰与漂白粉不能同时使用
纤毛虫病	纤毛虫	纤毛虫附着在成虾、幼虾、幼体和受精卵的体表、附肢、鳃等部位，形成厚厚的一层“毛”	①用生石灰清塘，杀灭池中的病原 ②用3%～5%的食盐水浸洗虾体，3～5天为一个疗程 ③用0.3毫克/升的四烷基季铵盐络合碘全池泼洒 ④投喂小龙虾蜕壳专用人工饲料，促进小龙虾蜕壳，蜕掉长有纤毛虫的旧壳

格后开始起捕。起捕方法：采用网目2.5～3.0厘米的大网口地笼进行捕捞。开始捕捞时，不需排水，直接将虾笼布放于稻田及虾沟之内，隔几天转换一个地方。当捕获量渐少时，可将稻田中水排出，使小龙虾落入虾沟中，再集中于虾沟中放笼，直至捕不到商品小龙虾为止。在收虾笼时，应将捕获到的小龙虾进行挑选，将达到商品的小龙虾挑出，将幼虾马上放入稻田，并勿使幼虾挤压，避免弄伤虾体。

2. *亲虾种留存* 由于小龙虾人工繁殖技术还不完全成熟，目前还存在着买苗难、运输成活率低等问题，为满足稻田养虾的虾种需求，建议：在8～9月成虾捕捞期间，前期是捕大留小，后期应捕小留大，目的是留足翌年可以繁殖的亲虾。要求亲虾存田量每亩不少于15～20千克。

湖北鳖虾稻高效生态种养技术

湖北省水产技术推广中心在京山县、掇刀区、宜城市等地的7块稻田中，进行了鳖、虾、稻共生模式的稻田生态种养技术探索。

一、材料与方法

（一）地点与稻田面积

地点：京山县雁门口镇田家门楼村、永兴镇老柳河村；掇刀区团林铺镇七岭村；宜城市南营办事处南洲村。

面积：田家门楼村试验田1块7亩、老柳河村试验田1块4亩；七岭村试验田1块8亩；南洲村试验田4块（1号田2亩、2号田5亩、3号田5亩、4号田6亩）。

（二）稻田的选择

稻田选择在离农户住处较近、地面开阔、地势平坦、避风向阳、安静地方的中稻田，这样的田块便于看护，水源充足，水质优良，稻田附近水体无污染，旱不干雨不涝，能排灌自如。稻田的底质为壤土，田底肥而不淤，田埂坚固结实不漏水。

（三）稻田的田间工程

1. *稻田的改造与建设*　苗种放养前，对稻田进行了改造与建设。主要内容包括：开挖田间沟，加高、加宽田埂，建立防逃设施和完善进、排水系统。

2. *开挖田间沟*　沿稻田田埂内侧四周开挖供水产养殖动物活动、避暑、避旱和觅食的环形沟，环形沟面积占稻田总面积的8%～10%，沟宽1.5～2.5米、深0.6～0.8米。

3. *加高加宽田埂*　利用挖环沟的泥土加宽、加高、加固田埂。田埂加高、加宽时，将泥土打紧夯实，确保堤埂不裂、不跨、不漏水，以增强田埂的保水和防逃能力。改造后的田埂，高度在0.5米以上（高出稻田平面），埂面宽1.5米，池堤坡度比为1∶（1.5～2）。

4. *建立防逃设施*　防逃设施用石棉瓦建造，其设置方法为：将石棉瓦埋入田埂泥土中20～30厘米，露出地面高50～60厘米，每隔80～100厘米处用一木桩固定。稻田四角转弯处的防逃墙做成弧形，以防止鳖沿夹角攀爬外逃。

5. 完善进、排水系统　稻田建有完善的进、排水系统，以保证稻田旱不干雨不涝。进、排水系统建设结合开挖环沟综合考虑，进水口和排水口成对角设置。进水口建在田埂上；排水口建在沟渠最低处，由PVC弯管控制水位，能排干所有的水。与此同时，进、排水口设有钢筋栅栏，以防养殖水产动物逃逸。

6. 晒台、饵料台设置　晒背是鳖生长过程中的一种特殊生理要求，既可提高鳖体温促进生长，又可利用太阳紫外线杀灭体表病原，提高鳖的抗病力和成活率。晒台和饵料台合二为一，具体做法是：在田间沟中每隔10米左右设1个饵料台，台宽0.5米、长2米。饵料台长边一端放埂上，另一端没入水中10厘米左右，饵料投在露出水面的饵料台中。

（四）水稻栽培

1. 水稻品种选择　根据鳖规格及其起捕季节，结合土地肥力，选择抗病虫害、抗倒伏、耐肥性强、可深灌的紧穗型品种扬两优6号、丰两优香一号。

2. 水稻栽培　秧苗在5月中旬前后栽种，采用宽窄行模式，即采取浅水栽插、宽窄行栽秧的方法，以便于1千克左右的成鳖在稻田间正常活动，移植密度为30厘米×15厘米。在栽培技术方面围绕“防倒”进行，采用“二控一防技术”，即：一控肥，整个生长期不施肥；二控水，方法是早搁田控苗，分蘖末期达到80%穗数苗时重搁，使稻根深扎，后期干湿灌溉，防止倒伏。

（五）鳖、虾的养殖

1. 放养前的准备

（1）田间沟消毒　环沟挖成后，在苗种投放前10～15天，每亩沟面积用生石灰100千克带水进行消毒，以杀灭沟内的敌害生物和致病菌，预防饵料鱼、鳖、虾的疾病发生。

（2）移栽水生植物　田间沟消毒3～5天后，在沟内移栽轮叶黑藻、水花生等水生植物，栽植面积占沟面积的25%左右，为小龙虾提供饵料以及为鳖、虾提供遮阴和躲避的场所。

（3）投放有益生物　在虾种投放前后，4月向田间沟内投放螺蛳，每亩田间沟投放100～200千克，一为净化水质，二为小龙虾和鳖提供天然饵料。

2. 鳖、虾的放养

（1）苗种的选择　选择纯正的中华鳖，该品种生长快，抗病力强，品味佳，经济价值较高。选购的中华鳖规格整齐，体健无伤，不带病原。放养时经消毒处理。鳖种规格为200～600克/只；虾种选择规格为200～400只/千克的幼虾。

（2）苗种的投放时间及放养密度　鳖种投放时间在5月中下旬的晴天进行，放养密度在100只/亩左右。鳖种雌雄分开养殖，因为甲鱼自相残杀相当严重，雌雄同田养殖，会严重影响成鳖的成活率。由于雄鳖比雌鳖生长速度快且售价更高，所以投放的是全雄鳖种。

虾种投放时间为3～4月，规格为200～400尾/千克，投放量为50～75千克/亩。虾苗一方面可以作为鳖的鲜活饵料，另一方面可以将养成的成虾进行市场销售，增加收入。

（六）饵料投喂

鳖为偏肉食性的杂食性动物，为了提高鳖的品质，所投喂的饲料为低价的鲜活鱼和加工厂、屠宰场的下脚料。对温室鳖种进行10～15天的饵料驯食，驯食完成后不再投喂人工配合饲料。鳖种入田后开始投喂，日投喂量为鳖体总重的5%～10%，每天投喂1～2次，一般1.5小时左右吃完为宜。

（七）日常管理

1. 水位控制　5月，为了方便耕作及插秧，将稻田裸露出水面进行耕作，插秧时将水位提高10厘米左右；苗种投放后，根据水稻生长和养殖品种的生长需求，逐步增减水位。6～8月，根据水稻不同生长期对水位的要求，适当提高水位。鳖、小龙虾越冬前（即9～11月）的稻田水位控制在30厘米左右，这样可使稻茺露出水面10厘米左右，既可使部分稻茺再生，又可避免因稻茺全部淹没水下，导致稻田水质过肥缺氧，而影响鳖、小龙虾的生长。当年的12月至翌年2月，鳖、小龙虾在越冬期间，稻田水位控制在40～50厘米。

2. 科学晒田　晒田采取的是轻晒和短期晒，即晒田时，使田块中间不陷脚，田边表土不裂缝和发白，以见水稻浮根泛白为适度。田晒好后，及时恢复原水位，以免导致环沟水生动物因长时间密度过大而产生不利影响。

3. 勤巡田　经常检查养殖水产动物的吃食情况，查防逃设施、查水质等。

4. 水质调控　根据水稻不同生长期对水位的要求，控制好稻田水位，并适时加注新水，每次注水前后水的温差不超过4℃，以避免鳖感冒致病。高温季节，在不影响水稻生长的情况下，适当加深稻田水位。

5. 鳖、虾捕捞　当水温降至18℃以下时，停止饲料投喂。11月中旬以后，将鳖捕捞上市销售。收获稻田里的鳖通常采用干塘法，即先将稻田的水排干，等到夜间稻田里的鳖会自动爬上淤泥，这时用灯光照捕。平时少量捕捉，沿稻田边沿巡查，当鳖受惊潜入水底后，水面会冒出气泡，跟着气泡的位置潜摸，即可捕捉到鳖。

3～4月放养的幼虾，经过2个月的饲养，就有一部分小龙虾能够达到商品规格。这时，将达到商品规格的小龙虾捕捞上市出售，未达到规格的继续留在稻田内养殖。小龙虾捕捞的方法是，用虾笼和地笼网捕捉。

二、结果

（一）京山县雁门口镇田家门楼村

1. 稻田面积7亩

2. 总投入30 955元

（1）苗种　鳖种300千克，单价65元/千克，投入19 500元；小龙虾500千克，3.25元/千克，共计1 615元。

（2）饲料　活螺蛳700千克，0.8元/千克，共计560元；投入配合饲料100千克，共计1 250元；投入白鲢1 350千克，3.8元/千克，共计5 130元。

（3）消毒药物　生石灰400元。

（4）基地建设　总投入7 500元，按使用3年计算，年平均2 500元。

3. 产值　总产值65 286元，亩平均产值9 326.5元。成鳖产量480千克，单价100元/千克，产值48 000元；水稻产量4 550千克，单价2.92元/千克，产值13 286元；小龙虾产量400千克，单价10元/千克，产值4 000元。

4. 效益　纯收入65 287−30 955=34 331元，亩平均纯收入4 904.4元。

（二）京山县永兴镇老柳河村

1. 稻田面积4亩

2. 总投入16 408.9元

（1）苗种　鳖种158.4千克，单价60元/千克，投入9 504元；小龙虾300千克，3.25元/千克，共计975元。

（2）饲料　活螺蛳350千克，0.8元/千克，共计280元；投入配合饲料77千克，12.5元/千克，共计962.5元；投入白鲢723千克，3.8元/千克，共计2 747.4元。

（3）消毒药物　生石灰250元。

（4）基地建设　总投入5 070元，按使用3年计算，年平均1 690元。

3. 产值　总产值36 936元，亩平均产值9 923.4元。成鳖产量285.12千克，单价100元/千克，产值28 512元；水稻产量2 200千克，单价2.92元/千克，产值6 424元；小龙虾产量200千克，单价10元/千克，产值2 000元。

4. 效益　纯收入36 936−16 408.9=20 527.1元，亩平均纯收入5 131.8元。

（三）掇刀区团林铺镇七岭村

1. 稻田面积8亩

2. 总投入11 500元

（1）苗种　鳖种53.5千克，单价60元/千克，投入3 210元。

（2）饲料　投入小杂鱼1 210千克，4.0元/千克，共计4 840元。

（3）消毒药物　生石灰450元。

（4）基地建设　总投入9 000元，按使用3年计算，年平均3 000元。

3. 产值　总产值44 800元，亩平均产值5 600元。成鳖产量210千克，单价160元/千克，产值33 600元；水稻产量4 000千克，单价2.8元/千克，产值11 200元。

4. 效益　纯收入44 800−11 500=33 300元，亩平均纯收入4 162.5元。

（四）宜城市南营办事处南洲村

1. 苗种放养　见表1。

表1

稻田	面积（亩）	数量（只）	规格（克/只）	重量（千克）	单价（元/千克）	金额（元）
1#	2	200	640	128	76	9 728
2#	5	500	300	150	64	9 600
3#	5	480	310	150	64	9 600
4#	6	340	450	153	64	9 792
合计	18	1 520		581		38 720

2. 收获情况　见表2。

表2

稻田	已捕数量（只）	规格（克/只）	已捕重量（千克）	死亡（只）	田存数量（只）	田存重量（千克）
1#	170	1 450	250	3	27	39
2#	110	600	67	8	382	229
3#	72	650	46	5	403	262
4#	90	900	81	6	244	220
合计	442		444	22	1 056	750

3. 养殖的经济效益　4块田已捕成鳖442只、重量444千克，发现死亡鳖22只，田内还存有成鳖1 056只。按每块田已捕成鳖平均规格计算，重量为750千克，全年预计养殖产量1 194千克，平均市场价100元/千克，收入共计119 400元；稻谷产量8 100千克，市场价4元/千克，收入共计32 400元，实现总产值151 800元，扣除总成本60 020元（其中，挖环沟费用按3年设计使用期限折合，

每年3 600元、饲料11 700元、鳖种费38 720元、工人工资等费用6 000元），总纯收入91 780元，平均亩纯收入5 098元。与周围单纯种水稻的田相比：单种水稻单产700千克，亩纯收入1 200元，稻田养鳖的效益是单纯种稻的4.2倍。

三、结论与分析

（1）从4个结果看，稻田养鳖亩产稻谷均在500千克左右，亩产成鳖均在70千克左右，亩平纯收入均在5 000元左右，经济效益十分显著。可以说，稻田养鳖是一种“一地双收”的高效种养模式。

（2）4个点均按照技术要求，在整个生产过程中，没有使用化肥和农药，鳖的喂养全部使用鲜活饵料，水稻和鳖均未发生病虫害。结论是：由于鳖为爬行动物，在稻田中不断活动，具有明显的中耕和疏松土壤的作用，并控制了杂草的生长，加上鳖的排泄物是水稻的优质有机肥，所以水稻长势好、病害少；由于稻田为鳖提供了适宜其生长的浅水、遮阴、晒背等良好的生态环境，加上鳖食用的全部是鲜活饵料，所以鳖生长快、体质好、病害少。因而所生产的稻谷和成鳖品好质优，充分体现了生态种养的效果。

（3）在点1、点2分别投放了小龙虾。结果发现，这两块田不仅收获了商品虾，增加了收入，所生产的成鳖增重倍数高、体色光亮、品质更好。稻田中的杂草及腐殖质为小龙虾提供了丰富的天然饵料，部分小龙虾成为了鳖的优质天然饵料，鳖和小龙虾的排泄物又是水稻的优质肥料，在这个生态系中，生物共生互利，资源循环利用，是一种高效的生态循环农业模式。

四川稻田小龙虾种养技术

一、稻田工程

（一）养虾稻田的选择

选择的条件除保证常规性的要求（水质、水量、排灌、交通、电力等）外，必须要注意以下几个问题：

（1）稻田养虾面积在百亩以下并在连片水稻种植区，选择自流灌溉的用水方式。因为养殖小龙虾要保持一定的水位，养殖过程中因水质、水稻用药和龙虾用药须经常换水；而不养龙虾的水稻田要有几次烤田或干干湿湿的生长过程，如是提水灌溉，一般是统一进水、统一排水。水稻收割后养殖面积小，不仅增加费用还和两茬小麦种植有一定的矛盾。

（2）选择种植一季中稻或小麦产量不高的低湖田，采取连作、轮作连片的养殖模式，有利于统一管理，降低费用，提高经济效益。

（3）选择在小麦、水稻病虫害高发地区进行稻虾养殖。稻飞虱虫害、条纹叶枯病病害是广安市乃至全省水稻最主要病虫害。由于没有息茬，不仅地力下降，而且病虫害不断加剧。据测定，江淮部分稻套麦田亩虫量超过500万头，条纹叶枯病、黑条矮缩病等水稻病毒病主要由飞虱传毒引起的。稻虾养殖虽然少收一季小麦，但对于降低病虫害、增加地力和粮食安全都有好处。

（4）选择排灌方便的田块，这是养殖小龙虾的首要条件，尤其是在4～5月要灌得进、排得出。这是由于小龙虾经过越冬体质弱易得病，水体经一个冬天没有交换而老化，所以初春保持经常水体交换尤其重要。

（二）田间工程建设

广安稻田养殖已有多年历史，在原有的基础上略加改造即可。可从以下几方面考虑入手：

（1）田间“井”字沟和“十”字沟必须开好，一是小龙虾活动的地盘性不大，在用药用肥时，有利于小龙虾及时规避回沟；二是通风透光，有利于水稻降低病虫害、分蘖发棵等。

（2）进水口要设有20目的过滤网袋，以防敌害生物或小杂鱼随水进入。

（3）除按一般开沟、筑埂、防逃等外，开挖环形沟时，在稻田的一边或一头留有小龙虾繁殖沟，沟宽按4～6米设计，沟中间留埂最好；面积按每15亩左右配备1亩苗种繁育池，这样既解决了小龙虾苗种外购伤亡率高的问题，又能控制苗种投放量的问题。如果架设塑料大棚，还可延长生长期1个月左右。

（4）开挖环形沟，要留有机械插秧、收割等通道。

二、小龙虾养殖

采用这种混作加连作稻田养殖淡水小龙虾方式，也有多种放养方法：

第一种：在水稻插秧后6～7月初，待稻子返青分蘖期投放幼虾。稻虾共同生长一段时间，水稻收割后部分未达规格的小龙虾和选留的亲虾继续留田养殖到翌年的5～6月全部起捕。这种幼虾放养模式，分前后两个养殖阶段，前一段7、8、9月；后一段为10月到翌年的5、6月。前一段，除要养殖部分成虾上市外，主要是为后一段养殖打好基础，保证水稻收割后每亩留塘幼虾10～15千克（1 200～1 500尾），留塘亲虾每亩50尾左右，其中，雌虾40尾以上。将留塘的幼虾和繁殖的虾苗经一冬一春的养殖，产量可达120～150千克。

第二种：在8月中旬以后对环形沟投放亲虾、抱卵虾，待水稻收割后，稻田进水50～60厘米养殖到翌年5～6月起捕。这种投放模式需要注意的是：①放种量不能太大，一般每亩5～10千克左右，雌、雄性比为（4～5）：1。随时间的推移，雌、雄比例而增大，9月雌、雄比例可按（7～8）：1配比。10月初采集到的亲虾绝大部分已处于待产状态，可不放雄虾。②收购亲虾时必须要精心挑选，尽可能挑选活力强、个体大、成熟度好的亲虾。选留亲虾要头紫尾红。③提高亲虾成活率是得苗率的关键。亲虾要就近收购，不能太早，考虑近亲繁殖问题，雌性虾采取不同地点收购。

第三种：在水稻栽插前4～5月对环形沟投放幼虾，环形沟和稻田之间留有细埂相对隔离。6月中旬待水稻返青分蘖后加大水位，使稻田和环形沟成为一体。7月开始轮捕，8月10日以后选留亲虾，水稻收割后起捕清塘。这种方式主要是指冬春已经做好各项准备工作，水稻栽插是以春稻为主，一般在5月20日左右就栽插完毕。这种模式既有利于水稻高产高效，也有利于龙虾养殖。

（1）做好稻田的养殖工程，是稻田养虾的首要条件。按田间工程建设要求进行改造，田间的环形沟要离田埂0.5～1米处开挖，这样有利于稻虾生产作业和避免塌陷，沟宽2米、深0.8米；苗种繁育沟宽6米、深0.8米，繁育沟中间留有集苗池，池深比繁育沟深0.2米，之间带有1米顶宽的工作埂，便于龙虾打洞和操作。田块超过15亩时，在田中开挖“十”或“井”字形田间沟，沟宽1米、深0.5米。在设置防逃网时采用两层防逃网，第一层紧贴水边以防小龙虾打洞，第二层作为防逃所用。

（2）适时清塘、即时栽种水草，是稻田养虾的关键措施。首先，要破除淡水小龙虾对环境要求不高和很好养殖的思想，实践证明，小龙虾和河蟹养殖虽然都是甲壳类，食性差不多，但小龙虾养殖难度、养殖要求不比河蟹低。所以小龙虾养殖，强调适时清塘是养好虾、养大虾的一条有效措施，尤其是稻虾连作需隔年养殖更应清塘。清塘不仅清除稻田中的野杂鱼、敌害生物和一些不能被小龙虾利用的水草，而且小龙虾的放种量得到了有效控制。清塘药物一般使用生石灰、茶籽粕、二氧化氯等。清塘时间，一是水稻收割后的10月，这次清塘对环形沟和收割后的稻田都要清理；二是翌年的5～6月，这次清塘主要对环形沟进行清理；三是在整个养殖过程中（6、7月至翌年6、7月），要有1～2次的小清塘，即8月初对准备好的亲虾繁育沟适当清理，还有在水稻后期烤田时对环形沟进行清理。以上这些清塘，要针对不同情况，采取不同的方法和手段。

及时栽种水草，是养好虾、养大虾的又一条有效措施。水草的作用：水草为虾提供蜕壳的隐蔽场所；水草的光合作用能增加水中溶氧量，吸收水体中的营养源，降低水的肥度，保持水质清新；在高温季节水草能起到遮阴降温作用，有利于虾的生长；水草还能提高虾的内、外品质；另外，水草还具有不可忽视的药理作用，可减少小龙虾病害的发生。小龙虾池适宜种植的水草，有轮叶黑藻、伊乐藻、浮萍和水葫芦。其中，轮叶黑藻和伊乐藻为主要种植对象，浮萍为搭配品种，水葫芦只作为小龙虾繁殖之用。种草的面积和方法：虾池中水草覆盖率要控制在总面积的2/3以内。养殖期间水草被虾吃掉要补充，过多要及时捞除。伊乐藻在冬春进行栽插，方法是将草截成10厘米长的茎，像插秧一样，一束一束地插入有淤泥的池中，株间距为20厘米×20厘米左右，每亩用嫩草茎40～60千克；轮叶黑藻的栽培方法和伊乐藻基本相同，它们都是沉水草茎植物；浮萍可随时捞取植株移入虾池，浮萍还能促进水稻增产。需要注意的是，栽插水草时要条行栽插，有利于水的流动和循环。栽植前应将虾围养在1条沟中，待水草长至15厘米时再放开，尽量减少虾对水草的危害。

（3）合理投放、轮捕轮放，是稻田养虾提高产量的有效手段。6、7月初投放的幼虾规格不一定是一致的，没有达上市规格的虾都可以投放，待水稻栽插15～20天时投放幼虾，放种量一般在30千克/亩左右。第一次放10千克左右，观察几天再投放第二批，幼虾来源最好是就地收购，随收随放，尽量缩短收放时间，提高幼虾成活率。投放幼虾时要对整个田块均匀分布，1/3投放到环形沟中，2/3投放到稻田中。直接投放在稻田中的小龙虾不会因夹苗而影响水稻的生长，小龙虾这时所夹水草只是稻田中刚冒出杂草嫩芽。由于小龙虾有较强的地盘性，均匀分布投放，才能有效利用稻田的浅水环境。养殖小龙虾必须根据生长情况即时轮捕轮放，6月中旬所放的幼虾在7月中旬就可以捕捞，根据捕捞情况还可以适当再补充虾苗。

三、稻田种、养殖的田间管理

以上几种养殖模式，小龙虾和水稻都有一段时间的混作，它涉及稻田的施肥、除草、排灌、收割、防治病虫害等。同时，也涉及小龙虾养殖的投喂、水质控制、防逃、防敌害、防病治病和捕捞等。因此，小龙虾和水稻交叉种养殖，是一项技术性比较强的工作。要种好稻、养好虾，必须在物质、技术条件具备情况下才能上马投产。

（1）品种选择、施肥、除草等田间管理。选择水稻品种，主要考虑不易倒伏和抗病虫害强的品种，矮秆生长期较短的中稻品种。在水稻生长过程中，广安市水稻种植所需肥料一般为：纯氮20千克折尿素45千克左右、过磷酸钙磷80千克左右、氯化钾10千克左右。磷肥和钾肥在水稻栽插前可作为基肥一次性施放，而氮肥只有作为水稻返青肥可在栽插前施放，而绝大部分的氮肥是在水稻返青、分蘖、抽穗、壮浆的生长过程中多次投施。小龙虾养殖过程中所需的肥料，主要是发酵后的有机肥，用在水草栽植、虾苗培育等。氮肥只能是个别品种在特定的情况下少量使用。水稻施肥，稻田基肥在插秧前一次施入耕作层内。这次要施足，追肥应少量多次，最好是半边田先施、半边田后施。一般每月追肥1次，每亩施尿素5千克、复合肥10千克或发酵的畜禽粪30～50千克，切忌追施氨水和碳酸氢铵。关于养虾施肥问题，使用有机肥必须要经发酵后才能投施。使用化肥必须要和有机肥配合使用，使用肥料多少必须视水质情况而定。除草问题，水稻田除草需要人工去除外，一般不考虑使用除草剂；小龙虾繁殖沟和环形沟中的有害杂草要清除，尤其是茭白、芦苇、菖蒲和红头绳等，不能变成鸟的天堂。

（2）水的管理。它涉及水稻田的排灌和养殖小龙虾的水质控制等问题。除晒田外，平时稻田水深保持在20厘米左右，并经常注换新水。稻田注水一般在10:00～11:00进行，保持引水水温与稻田水温接近。注水时要边排边灌，做到进排水不急，温差不大，水位相对稳定。6月底每周换水1/5～1/4；7～8月每周换水3～4次，每次换水量为田水1/3左右；9月后，每隔5～10天换水1次，每次换水1/4～1/3，保持虾沟水体透明度为25～30厘米。田间沟内，每隔15～20天用生石灰化水泼洒1次，每次用5～10千克/亩，以调节水质。实际上水稻是轻烤、重烤，干干湿湿的生长过程和小龙虾生长存在一定的矛盾。为了解决这一矛盾，要多换水亮根，分蘖轻烤，收割前重烤，在8月20日前稻田不能重烤。养殖小龙虾的环形沟和小龙虾繁殖沟是水质调节的重点，小龙虾养殖沟的水质调节要根据情况，采用生物制剂、发酵肥料、微孔增氧配合一些药物进行调节，青苔、蓝藻、水草等控制和水质的调节也有直接关系。

（3）水稻用药和小龙虾养殖的防病治病。这是稻田养虾的一大难题，水稻病虫害防治对小龙虾养殖是有影响的，原则上应选用高效低毒的无公害农药和生物制剂。施农药时要注意严格把握农药安全浓度，确保虾的安全，并要求喷药的时机掌握在下午待水稻叶面水分被蒸发后进行，农药尽量喷在叶面上。用药最好分区使用，分区用药的含义是将稻田分成若干个小区，每天只对其中1个小区用药，田块在30亩左右分成两个小区，交替轮换用药，这样小龙虾在用药时有地方规避。近几年来，四川省水稻主要病虫害为稻飞虱、条纹叶枯病和卷叶螟。稻飞虱和卷叶螟属于虫害，条纹叶枯病是属于病毒病。目前，对于在稻田养虾的病害防治上，以预防为主，除使用清塘药物外，可通过物理和生物的办法解决。

四、水稻收割后的龙虾养殖

这段时间的小龙虾养殖非常重要，是夺取高产高效的主要环节。实际上稻田养虾分两个阶段，前一段是和水稻同作，后一段是小龙虾单养。由于四川和湖北的水稻种植和收割期有一定的差别，在广安市，稻田的闲置期一般为11月至翌年的6月。在此期间水温高于20℃的天数不足100天，如果不采取一些相应措施，盲目投资会造成不必要的损失，因此要注意以下几点：

（1）挑选亲虾进入繁殖池强化培育，搭建塑料大棚，安装微孔增氧设施。每15亩配套1亩小龙虾繁苗池，亩放亲虾不超过30千克，应选择成熟度好、体质健壮的亲虾投放，这项工作应在8月20日至9月10日前结束。塑料大棚要在10月底搭建完成，要配备相应的黑遮阳网。通过这些措施，保证翌年3月有较大规格的小龙虾苗种。

（2）水稻收割后尽快进水，种植水草，施足基肥。水稻收割后，将秸秆还田并呈多点堆积，加水后浸沤。开始时水位有20～30厘米即可；11月中旬以后保持30～50厘米；随着气温下降，逐渐加深水位为50～60厘米。翌年的3月水温回升时，用调节水深的办法来控制水温，使水温更适合小龙虾的生长。植草施肥也要及时，除环形沟要植草外，稻田也要植草并要施足发酵后的基肥。及时巡塘注意水质变化情况，在虾苗培育阶段，水体透明度保持在30厘米左右。水体透明度的控制，用加注新水或施肥的办法来解决。

（3）合理投喂，培育规格苗种和大规格成虾。一般亲虾成熟度好，再加上大棚的强化培育，可在10中旬出苗。这样虾苗在冬前就有1个多月的生长时间，要想虾苗长得好，培肥水质是关键，苗到幼虾这一段主要是靠水中的浮游动物和细菌团等天然饵料维持生长。在培育苗种阶段，要视天气、水温、水质好坏和虾的摄食情况来定，以投喂动物性饲料为主，如鱼糜、加工厂的下脚料、螺蛳、河蚌等。投喂的数量和时间，一般是每天3～4次，早、中、晚或夜间各喂1次；投喂量是幼虾体重的8%～10%。

稻田进水后，除及时栽种水草和施足基肥外，及时将小龙虾沟中的幼虾放到稻田中。并根据水温适当投喂饲料，当水温下降到10℃以下，停止饲料投喂。待幼虾生长到3～5厘米以上时，将幼虾投放到大塘。翌年3月中旬以后，当水温上升到16℃以上，根据情况每月施1次肥料，每半个月补投1次水草。每周投1次动物性饲料，每亩用量为0.5～1千克。每天傍晚还应投喂1次人工饲料，投喂量为稻田龙虾总重量的1%～5%。饲料以麸皮、饼粕、小麦等为主，还可以投喂人工配合颗粒饲料，投喂量随着水温的升高而增加。所有投入品，都要符合生态养殖的要求。

重庆“鱼菜共生”技术

鱼菜共生技术是通过池塘原位生态修复，使鱼、植物、微生物三者之间协同共生，使池塘保持一定生态平衡关系的植物净水技术。本文针对重庆山丘地形特点和重庆渔业水源少、规模小、效益低、污染大等突出问题，通过对比试验的形式，探索了鱼菜共生池塘水质（氨氮、总氮、总磷以及亚硝酸盐氮、高锰酸钾等）指标变化情况，总结适合重庆当地的鱼菜共生高效池塘养殖技术模式，实现净水、增氧、抑病，节水、节电、节地，保障水产品质量安全，生产绿色蔬菜，增加渔民收入的目的。2010年，在重庆市水产引育种中心示范基地开展的对比试验研究中，实现每公顷产空心菜36 000千克以上，每公顷增收在30 000元以上。2011年，全市重点推广面积552.9公顷，实现平均产蔬菜10 722千克/公顷，增收达到10 920元/公顷，水产品产量达到16 180.5千克/公顷，纯利润达到2 521元/公顷，较常规养殖方式利润增加23.9%，经济效益十分显著。2012年，适时扩大推广面积。

一、背景

传统的池塘养殖模式，属于线性经济，其高产出是以高耗能、高污染换来的，每天每千克鱼向水体中排入氨氮为1～2克、BOD 3～5克，耗去溶解氧5～6克（相当于1米^{2}水面2天的自然复氧量），污染1.5米^3，与科学发展模式是相背离的。欧洲20世纪80年代，即禁止自然水域“三网”养鱼和限制池塘养殖污水的排放；日本、澳大利亚对废水排放和养殖场分布也有相关要求，发达国家对“鱼屁股”污染监管相当严格。

2009年《国务院关于推进重庆市统筹城乡改革和发展的若干意见》，明确禁止水库网箱养鱼以及可能带入污染的其他养殖方式。重庆市取缔了所有库区、溪河的网箱，养殖废水排放也是越来越严。重庆地区是以山地丘陵为主，占总面积98%，平原极少。重庆池塘多是成块分布，池塘渔业的典型特点就是水源少、规模小、效益低、污染大等突出问题，水源不足、提灌不方便，池塘水质普遍富营养化，养殖水产品品质不高，市场认可度也较低，决定了重庆渔业不能像两湖诸省走规模型集约化发展路子，渔业发展如何破题，将是重庆渔业工作者今后努力的主要方向。

二、定义

鱼菜共生养殖技术模式，是根据鱼类和植物的营养生理、环境、理化特点，将水产养殖和蔬菜种植两种不同的农业技术，通过科学的生态设计，达到协同共生，实现养鱼不（少）换水而无水质忧患、种菜不施肥而茁壮成长的生态共生效应。从而让鱼、菜两者之间达到一种和谐的生态平衡关系的新型复合养殖技术模式，属于可持续循环型低碳渔业。

三、技术原理

池塘中的营养物质主要是氮，池塘种植蔬菜主要是通过植物的固氮作用，经过一系列的氮代谢，将氨氮、总氮、总磷等过营养化的物质吸收或者转化成气体排入大气，从而达到收获绿色蔬菜和改善水质的目的（图1）。

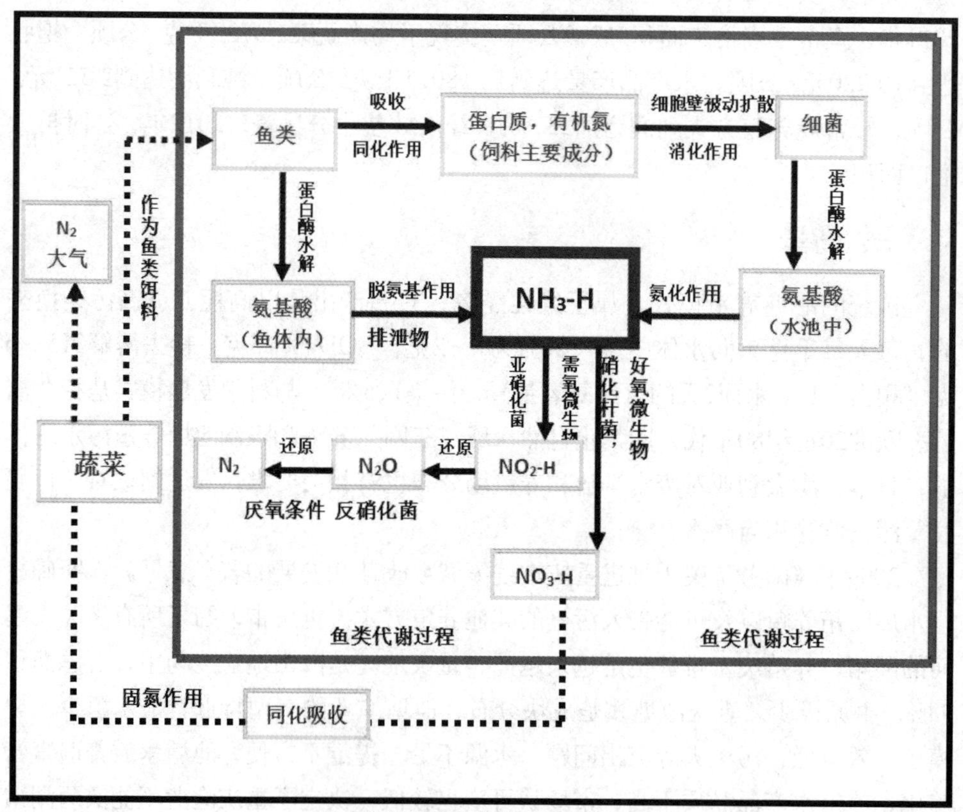

图1　鱼菜共生池塘物质循环流程图

四、种养对比

2010年，在重庆市水产引育种中心示范池塘选择3口面积大体相同、分布集中、进排水方便的池塘开展对比养殖。

1. 池塘条件　池塘2口，试验塘Ⅰ面积为1 300米^2，试验塘Ⅱ面积为1 300米^2，对照池塘1口，面积约为1 000米^2。

2. 浮架制作　本次采用PVC管（110管）制作浮床，按照1米×2米和1米×4米两种规格进行制作，上下两层各有疏、密两种聚乙烯网片，分别隔断吃草性鱼类和控制茎叶生长方向。

3. 种养种类及面积　种植的种类主要是空心菜。蔬菜种植面积分别以占池塘面积10%（约130米^2）、15%（约180米^2）的比例设置。浮床间用绳索连接，并用绳索将浮床固定于池塘边缘，以便于蔬菜采摘和池塘管理。

4. 苗种投放　投放时间为2010年1月8日。每口池塘分别投放草鱼原种5 000尾，规格为30克/尾；并搭配少量鲢、鳙。

5. 对比结果

（1）整个养殖过程未施渔药，未发现有大规模病害发生和死鱼情况。

（2）空心菜收获从6月12号开始采摘到10月8号清箱，共采摘空心菜16批次。测得每次采摘最大重量在1.5千克/米^{2}左右；日本空心菜由于茎叶较纤细，最低采摘重量在0.7千克/米^{2}左右。试验塘Ⅰ平均产量略高于试验塘Ⅱ，其分别单产为1.2千克/米^{2}和1.1千克/米^2，总平均单产为1.15千克/米^2，计算可得全年两个池塘共收获空心菜5 704千克，平均产量为21 949千克/公顷。按市场价1.5元/千克，可实现增收32 924元/公顷。空心菜可上市，也可作为青饲料返塘投喂。

（3）水质指标。整个养殖过程未换水，由于夏天重庆天气较热，水分蒸发较多，加水2次。临近水源璧山璧南河水质有轻微污染，较池塘现有水体水质更差，具体水质检测见表1。从表1中可以看出，溶解氧、氨氮、硫化氢、透明度等指标均有明显的变化。池塘溶解氧基本在5毫克/升以上；氨氮含量大多在0.1毫克/升以下，远远低于距中毒致死量1毫克/升；透明度从最初的0.15米达到6月底的0.3米以上，水质变化明显。

表1　2010年重庆市水产引育种中心鱼菜共生池塘检测指标对比

检测指标	检测日期	试验塘Ⅰ（%）	试验塘Ⅱ（%）	对照塘（%）
DO（毫克/升）	5.30	6.25	6.15	4.51
	6.10	5.42	5.31	4.33
	6.20	5.16	5.20	4.11
	6.30	4.96	5.11	3.98
NH_3-N（毫克/升）	5.30	0.13	0.15	0.20
	6.10	0.10	0.13	0.21
	6.20	0.09	0.11	0.19
	6.30	0.08	0.08	0.18
H_2S（毫克/升）	5.30	0.04	0.05	0.05
	6.10	0.03	0.03	0.06
	6.20	0.03	0.02	0.06
	6.30	0.02	0.01	0.05
pH	5.30	8.50	8.50	8.70
	6.10	8.00	8.30	8.40
	6.20	8.30	7.90	8.20
	6.30	7.60	7.60	8.30
透明度（厘米）	5.30	0.15	0.15	0.15
	6.10	0.18	0.18	0.18
	6.20	0.24	0.30	0.15
	6.30	0.30	0.34	0.12

2011年，在重庆巴南、璧山、永川、大足等14个区县推广总面积达到8 294亩。在巴南区惠民街道辅仁村开展详细水质对比检测，检测塘面积分别为2.3公顷、2.7公顷，对照塘1.8公顷，空心菜种植面积均为5%。

6. 苗种放养密度　鲫1万尾/公顷，规格30克/尾；草鱼8 000尾/公顷，规格60克/尾；鲢3 000尾/公顷，规格50克/尾；鳙1 500尾/公顷，规格600克/尾。

7. 检测结果

（1）整个养殖过程除了消毒用生石灰外，未施其他渔药，未发现有大规模病害发生和死鱼情况。

（2）截至10月底，已出售产量加上池塘库存量为20 875千克/公顷；而对照池塘产量为19 413.7/公顷，仅为检测池塘的93%。蔬菜产量达到8 929千克/公顷，平均利润达到60 479元/公顷，同比利润增幅为31.2%。其中，种植蔬菜纯增收13 393.5/公顷，蔬菜贡献利润增长率为29.1个百分点，其中还不包括电力、水源以及药物减少成本的收入。

（3）水质指标。在鱼类和空心菜生长旺季7、8、9、10四个月的15日，进行养殖水抽样。抽样方法是，每个池塘分别就距离蔬菜种植区域远近确定3个采样点，为近菜点、中菜点和远菜点。水质检测指标的测定内容，包括氨氮、总氮、总磷、亚硝酸盐氮和高锰酸钾指数等指标。检测结果见表2、图2。

从表2中可以看出，检测1、2号池塘中，氨氮基本是呈现越近蔬菜种植区域其含量越低；而对照池塘变化不大，总磷、总氮、高锰酸钾指数、亚硝酸盐氮等指标在所有试验塘、对照塘中距离蔬菜远近以及相互之间均没有明显的变化。而试验塘与对照塘之间各个月份检测指标均值对比可以看出，除了高锰酸钾指数没有明显的变化外，试验塘其他各个指标中，包括氨氮、总氮、总磷以及亚硝酸盐氮等均较对照塘有明显的减小，而对照塘之间没有明显的差异。

（4）规模推广结果。全市巴南、璧山等14个区县推广总面积达到552.9公顷，蔬菜平均种植面积为5%，平均每公顷产水产品16 180.5千克，每公顷产蔬菜10 722千克，每公顷收益达到182 520元，蔬菜每公顷纯增收达到10 920元，每公顷纯利润达到37 815元，较常规养殖方式利润增加23.9%。鱼菜共生包括浮架制作等固定投资成本3 817.5元/公顷和2 055元/公顷的人工投入

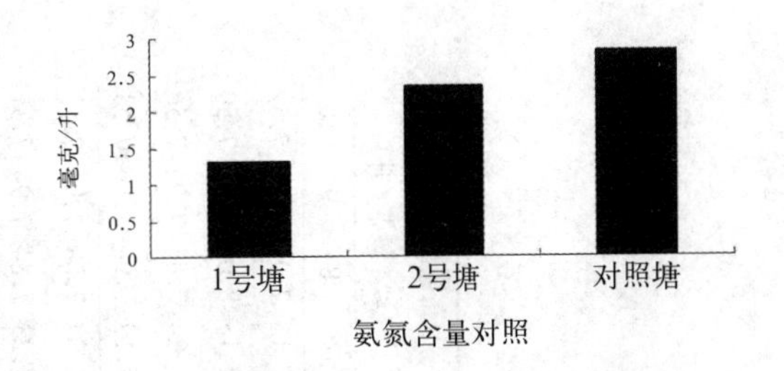

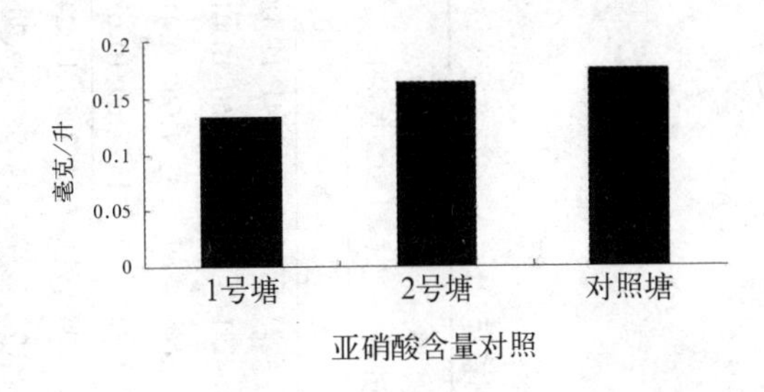

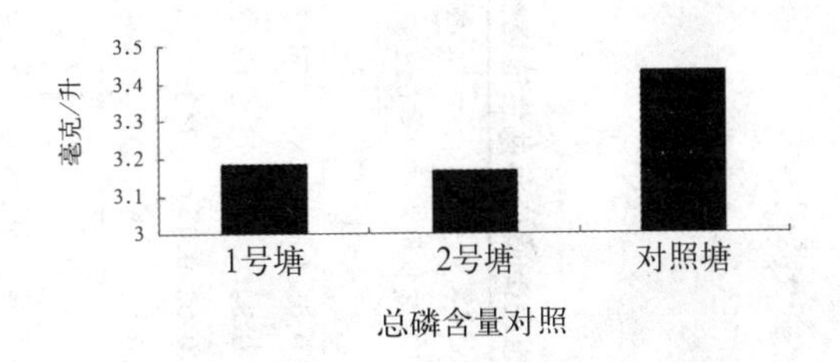

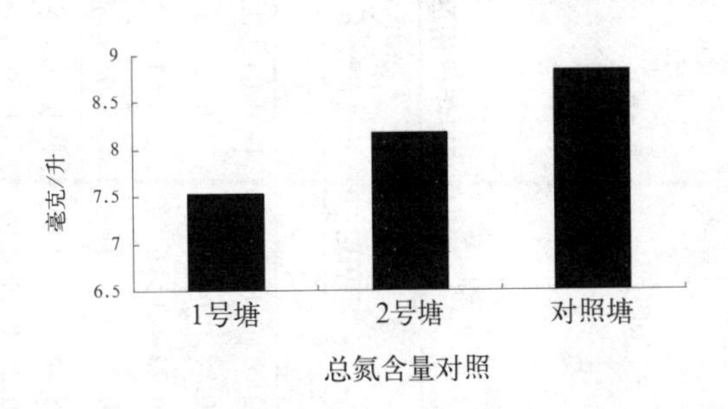

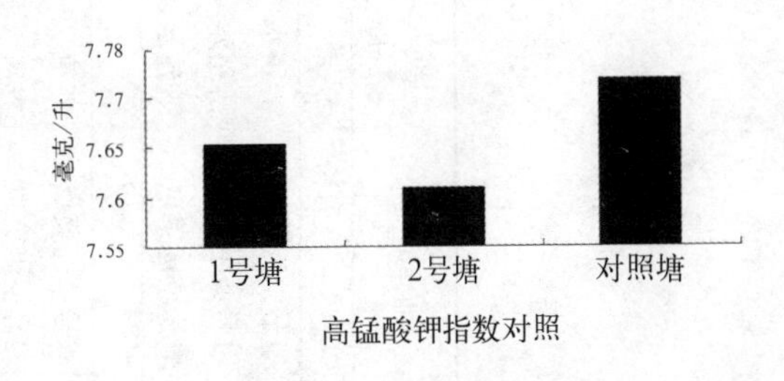

图2　1、2号试验塘与对照塘各个水质指标对照

表2　2011年巴南区惠民街道鱼菜共生池塘检测指标对比

抽样地点	样品名称	氨氮（≤1.0毫克/升）				亚硝酸盐氮（毫克/升，无判定标准）				总磷（≤0.2毫克/升）				总氮（≤1.0毫克/升）				高锰酸盐指数（≤4毫克/升）			
月份		7	8	9	10	7	8	9	10	7	8	9	10	7	8	9	10	7	8	9	10
1号塘近菜点	养殖水	0.24	0.46	0.64	5.49	0.04	0.03	0.01	0.45	1.89	3.74	3.36	4.23	6.89	7.09	7.41	11.18	7.15	7.99	7.99	7.52
1号塘中菜点	养殖水	0.28	0.69	0.59	2.23	0.03	0.03	0.02	0.47	1.73	3.68	3.48	3.91	3.40	7.39	7.50	10.41	7.18	8.00	7.92	7.50
1号塘远菜点	养殖水	0.22	0.95	0.70	3.12	0.03	0.03	0.02	0.45	1.77	3.51	3.43	3.45	4.67	6.92	7.00	10.41	7.24	7.83	7.96	7.56
均值		0.25	0.70	0.64	3.61	0.03	0.03	0.02	0.46	1.80	3.64	3.42	3.86	4.99	7.13	7.30	10.67	7.19	7.94	7.96	7.53
2号塘近菜点	养殖水	0.23	0.32	0.63	8.00	0.08	0.11	0.02	0.44	1.68	3.28	3.43	4.06	9.11	7.78	7.58	11.24	7.09	7.88	7.98	7.13
2号塘中菜点	养殖水	0.22	0.48	0.63	6.93	0.08	0.09	0.02	0.46	1.61	3.75	3.44	3.97	5.87	7.74	8.19	9.20	7.28	7.84	7.94	7.31
2号塘远菜点	养殖水	0.24	0.25	0.56	5.84	0.08	0.11	0.02	0.46	1.65	3.84	3.60	3.68	4.08	9.34	7.41	10.47	7.52	7.98	8.01	7.34
均值		0.23	0.35	0.61	8.12	0.08	0.10	0.02	0.45	1.65	3.62	3.49	3.90	6.35	8.29	7.73	10.30	7.30	7.90	7.98	7.26
对照塘进水口	养殖水	0.23	2.38	0.74	7.65	0.14	0.11	0.02	0.44	2.40	3.97	3.65	3.91	7.77	8.18	9.30	12.20	7.48	8.16	8.06	7.22
对照塘池中	养殖水	0.28	2.36	0.65	8.03	0.14	0.10	0.02	0.45	2.11	3.88	3.55	4.06	8.47	8.63	7.47	10.32	7.49	8.07	8.00	7.26
3号塘排水口	养殖水	0.26	1.84	0.60	8.67	0.11	0.11	0.02	0.44	2.08	4.26	3.32	3.98	8.44	7.66	7.56	9.92	7.53	8.02	8.06	7.28
均值		0.26	2.19	0.66	8.12	0.13	0.11	0.02	0.44	2.20	4.04	3.51	3.98	8.23	8.16	8.11	10.81	7.50	8.08	8.04	7.25

注：水质指标由重庆市水产品质量监督检验测试中心测定。

成本，完全按照2015年标准，扣除20%的固定资产折旧费，翌年可实现16 029元/公顷的纯增收。

而9月15日，在巴南二圣镇鱼菜共生试验塘的两次测产中，空心菜最高单产达到7.1千克/米^{2}和2.6千克/米^2。其中，养殖户李嘉勇140米^{2}鱼菜浮床截至15日止，已收获空心菜2 555千克，去除作为饲料喂鱼外，已增收1 512元。永川在双石镇和何埂镇的两次测产中，产空心菜分别达到46 594.5千克/公顷和95 500.5千克/公顷，池塘中种植蔬菜共生产潜力巨大。

五、结论

（1）鱼菜共生养殖技术模式，对水质的改善效果非常明显，尤其是对氨氮等的吸收效果较好。

（2）鱼菜共生养殖技术模式，能改善池塘水质环境，抑制鱼类病害发生，减少电力和渔药成本的投入，增加池塘鱼载力。

（3）鱼菜共生养殖技术模式，能生产大量绿色蔬菜，增加渔民收入和蔬菜市场供应量，稳定物价。

该模式的成功实施，对解决重庆地区池塘渔业规模小、水源少、效益低和污染大等突出问题提供了一条不错的途径，将推动重庆渔业“保供给、保增收”这一中心任务的完成，进一步促进重庆渔业发展方式的转变和健康持续发展。

湘西山区稻田生态养蟹技术

为了挖掘湘西州境内70余万亩宜渔稻田的生产潜力，加快推进贫困农民脱贫致富步伐，2009年，在农业部驻湘西扶贫工作组的帮助指导下，湘西州从江苏引进了一批中华绒螯蟹进行养殖获得成功，经过几年来的示范和推广，其效益显著。

一、养蟹稻田的选择及建设

（一）养蟹稻田选择

应选择交通便利、水源充足、水质优良且保水性能良好的田块，面积一般以1～3亩为宜。实行集中连片规模养殖，便于集中管理，发挥规模效益。

（二）田间工程建设

在田块四周及中央开挖宽、深各50～60厘米的蟹沟，开出的土填高田埂，或堆放于田中形成“蟹堤”。蟹沟开成 “田” 字形或“井”字形，要求沟沟相通。田埂宽40～50厘米、高50厘米以上，以达到旱不干、涝不淹的标准。通常，在田块的一端开挖暂养池，池宽4米以上、深1.5米左右，主要用来培育、暂养河蟹苗种和成品。环沟、田间沟和暂养池面积，一般可占稻田总面积的15%～20%。

（三）防逃系统的设置

防逃系统的设置，直接关系到稻田养蟹的成败及养殖效益的高低，一定要认真对待。稻田四周要设置防逃围栏，可用木桩沿田埂内侧每间隔2米左右栽1根，把塑料薄膜平铺附木桩沿田1周，用封箱胶带、细线和细铁丝固定，塑料薄膜的下端埋入田中约20厘米压紧，上端保持离地面60～80厘米的高度。进、排水口再安装聚乙烯防逃网，防止蟹苗从进、排水口逃逸。

二、饵料培育

（一）水生植物的移植

俗话说“蟹大小、看水草”，水草一方面能为河蟹提供适口的植物性饵料，另一方面又能为河蟹生长提供良好的栖息、蜕壳场所。由于稻田里一般都有水草附生，可视稻田水草的多少，再在蟹沟周围移植一部分轮叶黑藻、苦草、水花生等水生植物，一般应保证水草的覆盖率达到稻田蟹沟面积的1/3～1/2。

（二）饵料田螺的投放

河蟹喜食田螺，开展养蟹的稻田最好能事先投放适量的田螺，田螺及其繁殖的仔螺不但可以作为河蟹的活饵料，同时，还能起到净化水质的作用，可以提高河蟹品质、生长速度和产量。一般每亩养蟹稻田可投放活田螺70千克左右。

三、主要技术措施

（一）合理栽植水稻

选择耐肥力强、秸秆坚硬、不易倒伏、抗病害的水稻品种。采用宽行密栽的方法，保证河蟹在稻田里能自由活动。蟹沟周围可适当加大插秧密度，以充分发挥水稻的边际优势，增加稻谷的产量。

（二）适时放养蟹种

蟹种放养是稻田养蟹过程中一项关键性工作。一般选在2～3月放养，蟹种来源于正规苗种场，要求规格整齐，体质健壮，无病无伤。投放前先将蟹种用3%的食盐水浸浴消毒，再将其放在蟹沟外埂上，让其自行爬入水中，以提高放养的成活率。每亩稻田一般以投放600～800只扣蟹为宜。

（三）科学进行投饵

蟹种放入稻田后，应及时投喂饲料，投饵做到“四看”（看季节、看天气、看水色、看河蟹吃食情况）和“四定”（定位、定量、定时、定质）。河蟹的不同生长阶段，对营养的需求也有所不同。养殖前期河蟹个体小，应投喂动物性饲料（如小鱼、小虾、蚕蛹、菜叶等），促进河蟹快速生长，并逐渐加大投饵量，做到饲料适口，投饵均匀；养殖中期河蟹活跃，食量大，应加大投饲量，以植物性饲料为主，少量投喂动物性饲料，以降低饲料成本；养殖后期是河蟹长黄增膘期，应加大动物性饲料的投喂量。具体投喂量应灵活掌握，以每次投喂当天吃完为度。此外，还要定期在饲料中添加蜕壳素、复合维生素等，促进河蟹蜕壳生长。

（四）合理调控水质

河蟹喜欢生活在水质比较清新、微碱性的水中，水中溶氧一般要求在5毫克/升以上，故要注意适时加注新水。稻田刚插完秧苗时要保持浅水，防止损害秧苗。随着秧苗的生长，逐渐提高水位，夏季稻田保持水深10～20厘米，水稻收割后，加深至最高水位。高温季节要勤换水，每2～3天换水1次，每次换水20厘米左右。同时，要注意及时清除残饵、腐败物质、死蟹等，防止水质恶化。

（五）加强日常管理

坚持每天早、晚巡田，发现问题及时处理。要注意观察蟹沟内水色变化和河蟹吃食情况，以确定投饵量和加注新水。认真做好防敌害、防偷盗工作，采取多种方法消灭田鼠、水蛇、蟾蜍等河蟹敌害生物。要做好防逃设施检查，检查防逃围栏是否牢固，及时清除防逃网过滤物，检查田埂有无漏、逃蟹现象。此外，还要仔细观察河蟹每次的蜕壳时间，掌握蜕壳规律，蜕壳高峰期前7天要换水、消毒。

（六）注重病害防治

坚持“预防为主、防重于治”的原则。以辣蓼草、大蒜素、杜仲粉等杀菌能力好的中草药，替代有残留物质的常规药物。养蟹稻田应避免施用农药，施肥应以有机肥为主。此外，每隔15～20天，每亩稻田可用生石灰10～20千克溶水泼洒，以消毒防病和补充河蟹蜕壳所需的钙质。

（七）适时进行捕捞

水稻收割前，应多次灌水、排水，逐步把河蟹引到蟹沟中，然后收割水稻。河蟹起捕一般在10～12月进行。采捕方法：一是利用河蟹夜晚上滩的习性用灯光诱捕；二是利用地笼网等捕蟹工具进行捕捉；三是放干蟹沟中的水后再进行捕捉。多种捕捞方法相结合，有效提高河蟹回捕率。

四、示范情况及效益分析

（一）示范情况

2009年4月上旬，从江苏省引进4 000只中华绒螯蟹扣蟹，选在湘西州花垣县补抽乡米沟村的5.9亩稻田里进行试养。该批中华绒螯蟹长势很好，经过5个多月的生长，至9月下旬经有关部门验收，共起捕中华绒螯蟹成蟹2 350只，回捕率达到58.75%，平均重量达到150克，其中最大的成蟹重310克，亩产24.16千克。

（二）示范推广及经济效益

经过近几年的办点示范，稻田生态养蟹在湘西花垣县、保靖县、吉首市和凤凰县等地得到推广，亩产均可达25千克以上。亩产投入及产出如下：基础设施投入（以亩为单位）：防逃膜、水泵、工程费等615元；生产成本：苗种、饵料、渔药等411元；产值（以亩为单位）：平均每亩产蟹25千克×100元/千克=2 500

元。每亩纯收入=2 500元（总收入）－1 026元（总支出）=1 474元。亩产蟹净收入1 474元。同时，亩产水稻增收30千克，增产5%，且蟹田大米比一般大米的价格要高许多，有些甚至要高出数倍，每亩增收2 500元以上。近年来，湘西大闸蟹畅销武陵山区，并已辐射重庆、长沙及成都等省会城市。2011年，花垣“兄弟河牌”大闸蟹在中国中部（湖南）国际农博会上获得金奖。据统计，湘西州稻田养蟹面积现已达到1.2万亩，其中，商品蟹年产值3 000余万元，年利润1 700余万元。

（三）社会效益

稻田养蟹养殖周期为8个月左右，见效快，增收效果好，带动农户增收致富明显。同时，可有效地解决农村剩余劳动力的就业问题，促进第三产业的发展。它还符合国家粮食安全和可持续发展战略，节约了土地、水资源，对于确保我国基本粮田的稳定、确保粮食安全战略有重要意义。

（四）生态效益

稻田养蟹充分利用稻蟹互利共生原理，一方面稻田不仅能为河蟹提供水草、虫子等丰富饵料，还能为其生长提供良好的栖息环境和隐蔽场所；另一方面河蟹不仅能为稻田除虫、除草，还能起到松动田泥的作用，有利于肥料分解和土壤透气，从而促进水稻的生长发育。通过生物除虫、除草、增肥和防病，能最大限度减少农药和化肥的使用，达到发展生产和保护农田生态环境的双赢目的，不但能降低生产成本，还能促进稻谷和河蟹品质大幅提升。

五、结语

稻田养蟹作为一种优良的生态农业模式，有利于促进农业的可持续发展和保护农业生态环境。湘西州气候湿润，水质优良，水草丰富，发展河蟹产业具有得天独厚的资源优势。随着稻田养蟹的试验示范和推广成功，填补了湘西州空白，符合湘西州“生态立州”的发展战略，为发展特种水产养殖提供了新思路，为加快养殖户脱贫致富步伐提供了新途径。

湘西呆鲤稻田生态养殖技术

湘西呆鲤肉味鲜美，营养丰富，深受消费者青睐；它性情温顺，行动迟缓，易于捕捞，喜逆水横游，在稻田中不轻易随水逃逸，非常适合稻田养殖。湘西自治州发展稻田养鱼历史由来已久，民众大多有稻田养鱼的习惯。湘西呆鲤是湘西农户开展稻田养鱼的当家鱼种，稻田养鱼为湘西农户脱贫致富做出了重要贡献。

一、湘西呆鲤的生物学特性

（一）形态特征

湘西呆鲤的形态特征与普通鲤相似。其背部及体侧上部呈灰黑色，腹部银白色，体长而侧扁，背部隆起，腹部圆而平直。头短，吻稍尖，口亚下位，深弧形，具角质咽磨。体常被覆瓦状圆鳞，鳞薄且中等大。侧线平直，向后伸达尾鳞基。背鳍基底长，尾鳍多呈叉形。

（二）食性

湘西呆鲤是一种杂食性鱼类。稻田养殖的湘西呆鲤，主要投喂玉米粉、米糠、麦麸、菜饼、豆饼、酒糟、豆渣等植物性农副产品；也食水生昆虫、摇蚊幼虫、水蚯蚓、小螺、小鱼虾、浮游动物、腐烂的有机物碎片等动物性饵料。故稻田养殖湘西呆鲤，也可适当投喂一些螺蛳等动物性饵料，以提高呆鲤的肉质。

（三）生活习性

湘西呆鲤是一种广温性底栖鱼类，性情温和，能抗寒抗病、抗瘠耐肥，在高山区域或平丘地带的稻田、池塘、水库、河坝都能正常生长。它具有鲤的一般生活习性，所不同的是由于它长期生活在进水多、排水少的稻田静水水体中，经过自然选择逐渐变得性情温和，行动迟缓，易于捕捞，养成了一种喜逆游和横游的生活习性。即使放干稻田里的田水，也不轻易随流水逃跑，故称“呆鲤”。

（四）繁殖习性

湘西呆鲤性成熟年龄早，怀卵量大，一般2龄的湘西呆鲤就达到性成熟，可以产卵繁殖，每尾雌鲤怀卵量可达5万～20万粒。湘西呆鲤属于多次产卵类型的鱼，分次成熟，分次产卵，并且无需特定的生态条件，只要水温适宜，就可以在静水中自然产卵繁殖。一般产卵季节为每年的3～4月，产卵水温为18～26℃，最佳产卵水温为20～24℃。湘西呆鲤的卵为黏性卵，卵质为淡黄色，卵的光泽较强，卵的直径在1.6毫米以上。富有弹性的受精卵质量较好，在正常条件下，5～7天可孵化出鱼苗（图1）。

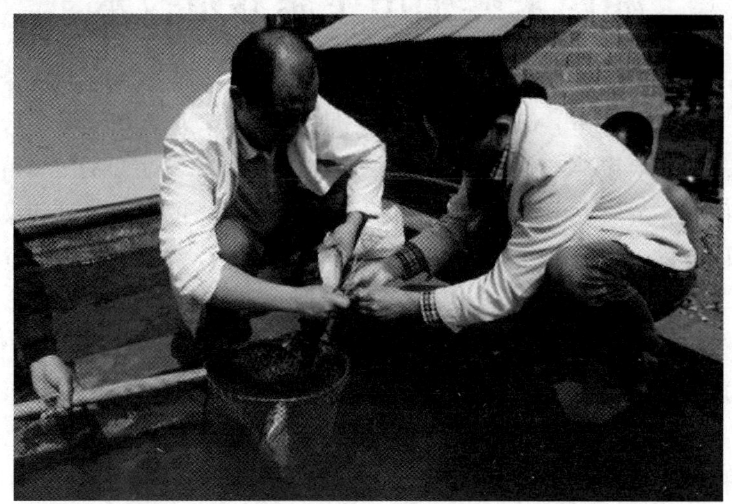

图1 技术专家在研究湘西呆鲤的生物学特性

二、湘西呆鲤的几个特点

（一）经济价值高

湘西呆鲤头部小，鳞片薄，个体适中，易于加工贮藏，干制酸制均可，其加工品风味独特，市场行情看好。湘西呆鲤肉质细腻鲜嫩，无腥味，口感好，营养价值高。据检测，湘西呆鲤体内含蛋白质15%～20%，脂肪0.4%～5.4%，无机盐（钠、钙、磷）0.1%～1.5%。500克鲜鱼的蛋白质含量为70～80克，相当于一个人一天的蛋白质需要量。

（二）生长速度快

湘西呆鲤田间放养生长速度快，当年投放的苗种到秋收时可达0.1～0.3千克，每亩稻田可产鲜鱼30～40千克，产量高的地方可达50千克以上。春放秋捕，当年受益。

（三）适应能力强

一是抗病力强，养鱼稻田只要耕耙平整，一般不需进行消毒，稻田养殖过程中很少发生病害；二是耐瘠耐浅水耐粗饲，湘西呆鲤不论在贫瘠或肥沃稻田放养后一般不需要投喂配合饲料，可适当投喂一些玉米粉、米糠、麦麸、菜饼、豆饼等农副产品，在常规培管水平下，只要田间水层保持在15厘米以上，即使粗培粗管也能正常生长；三是觅食力强，在放养过程中，湘西呆鲤能顽强地从田中取食昆虫、微生物、细嫩草料等饵料。

（四）种质纯度高

湘西呆鲤由于长期在坡边梯田上生长繁育，单独放养，又远离江河湖泊，加上定期开展种质提纯复壮，选优去劣，故种质好，纯度高。

（五）逃逸率低起捕率高

湘西呆鲤之所以“呆”，是因其性情温顺，反应迟钝，行动缓慢，活动范围狭窄，多在静水处觅食，即使稻田遇山洪田埂溢水，鱼儿也不轻易随水而去，逃逸率低；由于其行动迟缓，易于捕捞，故稻田养殖湘西呆鲤捕捞收获相对容易，起捕率高（图2）。

图2　农户往稻田里投放湘西呆鲤苗种

三、湘西呆鲤的稻田生态养殖技术

近年来，随着人们食品安全意识的增强，稻田生态种养产品因其高品质、生态环保而备受人们青睐。在生态环保越来越被重视的当下，发展稻田生态渔业，已然成为渔业产业发展的新趋势。湘西呆鲤稻田生态养殖技术奉行生态环保理念，不搞大规模田间工程，不投喂全价配合饲料，不追求养殖产量的最大化，只追求产品品质和效益的最大化。

（一）养鱼稻田的选择

应选择水源充足、排灌方便、水质无污染、土质保水力强、不受洪水威胁、集中连片的稻田进行养鱼。

（二）水稻品种选择及栽插

养鱼稻田的水稻，宜选择具有茎秆粗壮、抗倒伏、抗病害、耐肥力强、高产优质、株叶形态紧凑等性状的水稻品种。为保证稻谷的丰收，插秧时应适当调整疏密，合理密植，尽可能与未开挖鱼溜、鱼沟前整块稻田禾苗株数持平，可适当增加鱼溜、鱼沟两侧栽插密度，充分利用鱼溜、鱼沟两边的边际优势，提高稻谷产量。

（三）养鱼稻田的田间工程建设

养鱼稻田的田间工程建设，主要包括田埂加固、加高，鱼溜、鱼沟开挖和进、排水口及防逃设施建设。田埂一般要加高至0.5～0.6米，田埂截面呈梯形，田埂底部宽0.6～0.8米、顶部宽0.4～0.5米，并层层夯实；鱼溜在插秧前开挖，挖在田中央，一般占稻田面积1%左右，深0.5～0.6米。鱼沟在秧苗返青后开挖，沟宽0.6米、深0.4米，一般挖成“十”字形；进、排水口一般设在稻田相对两角田埂上，宽0.4～0.6米，进、排水口处要安置拦鱼栅。

（四）苗种放养

鱼种放养时间越早，养鱼季节就越长，一般插秧后7天后放养。每亩投放湘西呆鲤鱼春片鱼种150尾左右。养殖区域海拔500米以上的，投放鱼种规格在100克/尾左右为宜。鱼种放养时，需用3%～5%的食盐水浸洗5～10分钟，进行消毒处理。

（五）日常管理

1. 巡田驱鸟　要经常进行巡田，做好巡查日志记录。巡田主要是检查田埂是否渗漏、塌陷，拦鱼设施是否完好，及时清除田间杂物和敌害，观察鱼的吃食活动情况是否正常，发现异常或疾病应及时采取措施。晒田或田水量少时，要经常检查鱼沟，保证畅通无阻。由于湘西州生态环境好，白鹭数量非常多，对鱼种威胁很大。可在田边设置一些彩条（悬挂废旧光碟）或稻草假人、驱鸟器等方式进行驱赶。

2. 调节水深　要根据水稻在不同生长阶段的特点，进行水深调节。水稻生长初期，浅水能促使秧苗扎根、返青、发根和分蘖，水深以6～8厘米为宜；中期正值水稻孕穗期，需要大量水分，水可加深到15～18厘米；晚期水稻抽穗灌浆成熟，一般保持水深12厘米左右即可。养殖初期，鱼体较小，田水不必过深，可以浅灌；后期鱼大，游动加强，食量增加，需要深灌。只有灌水得当，才有利于稻、鱼生长，促进稻鱼双丰收。

3. 施肥用药　养鱼稻田最好施长效的基肥如农家肥等，少施化肥，不能施氨水；养鱼稻田最好不要施药，如果必须施药则应选择高效低毒的农药。施药前，可将田内水位加深至7～10厘米，粉剂在早晨有露水时喷施，水剂应在下午喷施，尽量使药物附着在禾叶上，减少药物入水。也可以在施药前，将田水缓慢放出，使鱼集中在鱼溜和鱼沟中后再施药。施药后，如发现鱼类有中毒反应，必须立即加注新水，同时排水，稀释水中农药浓度，避免鱼类中毒死亡。

4. 投饵防病　本养殖技术不主张投喂全价配合饲料，可适当投喂玉米粉、米糠、麦麸、菜籽饼、豆饼、酒糟、豆渣等农副产品。投饲时应坚持“四定”（定点、定时、定质、定量）原则，一般在鱼溜处投喂，春、秋季投饲占鱼总体重的2%左右，夏季投饲占鱼总体重的3%～5%，每天早晚各投喂1次；由于湘西呆鲤抗病力强，加之稻田养殖方式生态健康，鱼病相对较少。鱼病防治应坚持“预防为主、防治结合”的原则，在鱼病流行的7～9月，在鱼溜、鱼沟中用生石灰（浓度为每立方米水体施用生石灰40克左右）等进行泼洒消毒。

（六）起捕收获

收割水稻时，要适当加深田水，带水割稻。水稻收割后，可适时再饲养一段时间，因散落在田中的稻谷和禾蔸长出的新叶正是鱼的好饲料。起捕收获时，先清理鱼沟，然后缓慢放水，让鱼入沟后起捕，成鱼上市或转入其他水域集中越冬（图3）。

图3　稻田里养殖的湘西呆鲤

北方地区稻田蟹种综合种养技术

一、蟹种养殖田的选择

蟹种养殖稻田要求水源充足，水质良好，埝埂坚实不漏水，面积10～20亩为宜。稻田要有上下水沟，稻田相对低洼，在干旱季节能保住水。同时，在连雨季节排水方便，不受洪水冲击和淹没的稻田。

二、田间工程

蟹种养殖田的田间工程，要求埝埂高50厘米、顶宽40厘米，夯实、拍平，除掉杂草。田内埝埂内侧60厘米处挖环沟，沟宽60厘米、深30～40厘米。田间工程要在泡、耙地前完成，插秧后再进行1次修整，达到旱不干、涝不淹，同时对环沟进行消毒。

蟹种养殖田防逃设施，要在稻田上水前完成。一是要先进行注、排水口的设置，在注、排水口下部，用小目网衣替代塑料薄膜，上部还需加缝薄膜，既防逃又防止敌害生物进入；二是埝埂防逃设置，最简单易行较省钱的防逃设施是由支杆和塑料薄膜构成的，即在埝埂四周均匀地插上长50厘米、直径1厘米的支柱，支柱间隔50厘米，支柱插入地下10厘米，然后，用细铁丝在支柱上端依次将支柱连接牢固。将宽50厘米的塑料薄膜下边埋入地下8厘米，上边与支柱上端的细铁丝固牢。

三、蟹种养殖田的准备与施肥、施药

（一）水稻品种的选择

选择抗倒伏、抗病虫害、高冠层、中穗位、中大穗型、米质优良的水稻品种。

（二）插秧

采用大垄双行、边行加密的栽插方法，即改传统的（9+9）+15厘米垄为（12+6）+15厘米垄。保证“一行不少”；边沟占地56米^2，减少穴数1 230穴，借助边行透光、通风好的优势补插1 230穴，保证“一穴不少”。这一栽插方法水稻田通风、透光性好，减少了水稻瘟枯病的发生，也为河蟹生长提供了充足的光照条件。

（三）施肥

翻耕前每亩施有机肥1 000～1 500千克，翻耕后采用测土配制生态肥一次施入配方肥的方法，每亩一次性施入70～80千克，这样可以避免水稻频繁施用化肥，水体氨氮过高，对河蟹摄食和生长的影响。既实现了水稻的平衡施肥、平稳生长，避开无效分蘖和肥力流失，保持了后期生长的充足肥力，千粒重明显提高，又为河蟹生长创造了最佳生态环境。

（四）病虫害防治

采用生物除草灭虫方法，即在插秧前，苗床用1次生物制剂苦碜碱预防虫害后，不再用其他任何除草药剂。河蟹暂养后，在平耙地后2天内放入河蟹，杂草、虫害成为河蟹的天然饵料，这样既减少了病害，又节约了生产成本。

四、蟹苗的暂养与投放

（一）蟹苗（大眼幼体）暂养池的准备

暂养池设在蟹种养殖田一角或边沟，或用整格的稻田。暂养池四周应设防逃墙，水深20～30厘米。进水前每亩施入发酵好的鸡粪或猪粪200千克，进水后耙地时翻压在底泥中。耙地2天后，每亩施入50千克生石灰清塘。插秧后向暂养池内放入一些活的枝角类培养，作为蟹苗的基础饵料。

（二）暂养池的管理

蟹苗一般暂养15～25天，暂养密度为1～1.5千克/亩。暂养阶段以投喂杂鱼鱼糜等动物性饵料为主，投饵量按蟹苗（大眼幼体）重量的50%～100%，根据天气、水质及蟹苗的摄食活动情况灵活掌握，每天早、晚各1次。投饵切不可过量，以防污染水质而造成蟹苗死亡。暂养阶段要注意勤换水、勤观察、注意水质变化和蟹苗活动情况，发现问题及时解决。

（三）蟹苗投放

蟹苗暂养结束后，幼蟹规格达到16 000只/千克左右。将暂养池（或稻田）与蟹种养殖田的田埂挖开，从进水口灌水，蟹苗随水流进入养殖田。放苗前将稻田中的水全部排干，用新水冲洗1～2遍注入新水后放苗，水深10厘米。按每亩放养大眼幼体0.2～0.25千克的标准，每亩放幼蟹密度为2万～2.5万只。

五、蟹种养殖田的日常管理

（一）科学投喂

幼蟹以投喂搅碎的杂鱼、虾、豆腐为主，日投饵量占体重的10%～15%。投饵时要做到“四看”：看季节、看天气、看水色、看河蟹摄食情况。根据蟹池中河蟹数量、生长和吃食情况确定投饵量。平时应加强观察，掌握吃食情况，及时调整投饵量，并以投饵1小时后饵料略有剩余为准。一般日投喂2次，分别在8：00和17：00投喂，其中，17：00投饵量占全天饵料量的70%。饵料要投在稻田环沟浅水处。6月以鱼糜等动物饵料为主；7～8月投喂少量的专用配合饲料；9月初进入育肥期，要强化培育，投喂充足的蟹种专用配合饲料。强化育肥15～20天，蟹种达到一定的肥满度，可提高扣蟹质量，保证越冬和翌年养成成活率。蟹种培育规格，一般可达到100～140只/千克。

（二）调控水质

蟹种养殖田水位一般在10～15厘米，高温季节，在不影响水稻生长的情况下，可适当加深水位。养殖期间，有条件的每5～7天换水1次。高温季节增加换水次数，换水时排出1/3后，注入新水。每15天左右向环沟中泼洒生石灰1次，用量为15～20克/米^3。

（三）日常管护

1. *巡田工作*　幼蟹放养阶段、夏季天气多变阶段和秋季收获前夕，都是河蟹逃逸最厉害的时候。应加强管理，勤巡查，坚持每天早、中、晚巡田，主要观察防逃布和进、排水口的拦网有无损坏，田埂有无漏水，掌握河蟹活动、摄食、生长、水质变化、有无病情等情况，发现问题及时处理，并做好记录。

2. *防逃防敌害*　蟹苗及幼蟹的主要敌害有蛙、鼠、蛇、龙虱等，通常采取人工捉拿办法进行清除。除害从大眼幼体入池到仔蟹起捕，整个过程都要长抓不懈，减少因敌害造成的损失。防逃墙高度设为40～50厘米，拐角处成弧形，防逃布绷紧。防逃墙在稻田消毒前建成，避免青蛙等敌害侵入。扣蟹养殖中的敌害主要有老鼠、青蛙、水鸟、鱼等，为防止野杂鱼等进入稻田，进、排水口处设置相应网目的拦网。另外，还要注意除鼠，它不仅吃幼蟹，还能咬破防逃布使幼蟹逃跑。

3. *幼蟹蜕壳前后的管理*　幼蟹在养殖过程中一般蜕壳10多次，刚投放时每7～10天蜕壳1次。以后随着个体的增大，蜕壳间隔期加长。蜕壳期是河蟹生长的敏感期，需加强管理，以提高成活率。

一般幼蟹在蜕壳前摄食量减少，体色加深，这时如果我们少量施入生石灰（每亩10千克左右），会促进河蟹集中蜕壳。同时，动物性饵料和新鲜水的刺激，对蜕壳也有促进作用。如发现河蟹蜕壳时，应适当降低水位，以利于河蟹蜕壳。河蟹在蜕壳后蟹壳较软，需要稳定的环境，一般栖息在水稻根须附近的泥中，几天内都不出来活动。此时，不能施肥、换水，饵料的投喂量也要减少，以观察为准。待蟹壳变硬、体能恢复后出来大量活动，沿田边寻食，此时大量投饵，强化河蟹的营养，促进生长。

六、养蟹稻田蟹种的起捕

10月初在水稻收割前后起捕，可用反复冲水的方法或晚上灯光诱捕。起捕后可以销售或放入越冬池中越冬，待价格好时再销售。

北方地区稻田成蟹综合养殖技术

北方稻田河蟹养殖近几年发展迅速，发展稻田养蟹，对调整农村产业结构、增加农民收入具有重要意义。稻田养蟹的饲养管理工作，主要包括饵料投喂、水质管理、巡田检查、病敌害防治等内容。

一、饵料投喂

河蟹为杂食性水生经济动物，具有贪食的习性，在饵料的选择上，应注重植物性饵料与动物性饵料的搭配。在充分利用天然饵料的同时，还应投喂人工饲料，掌握“两头精、中间粗”的原则。具体应掌握以下三个方面：

（1）按照渔时季节和河蟹不同的生长发育阶段，搞好饵料组合。河蟹生长过程有两个不同阶段：一是从苗种入池到7月中旬，要完成3次蜕壳，所以优质饵料与足量投喂是关键。应以小鱼小虾或豆饼、小麦、玉米等精料为主，采取少量多次的投饵方法。二是7月中旬至9月初，是河蟹的摄食高峰期，应增加青饲料的比重，多喂一些杂草、土豆等，少喂一些小杂鱼、动物内脏等；9月中旬北方气温降低，应以精饲料为主，多喂一些小杂鱼、动物内脏等促进河蟹摄食，增加河蟹体重。总之，先期促蟹长大、后期强化育肥。

（2）充分利用稻田中的光、热、水、气等资源优势，搞好天然饵料的培育与利用。可采用施足基肥、适量追肥等办法，培养浮游动物、底栖生物以及青草嫩芽等。如水中生物较多，3～5天可以不投料；水中生物见少时，每天傍晚投喂1次足量，以略有剩余为准。

（3）投料用量的把握。根据河蟹昼伏夜出的生活规律，实行科学投饵。河蟹的日投饵量，随着个体的长大而逐步增加。河蟹刚入池塘的4～5天，摄食量是体重的5%～8%。以后的摄食量逐渐维持在2%～5%，河蟹摄食与水质、水体、蜕壳前后、阴雨、大风、大的降雨、气压低、高温等环境变化有很大关系。投喂次数：在8月中旬前，也就是白天看不到河蟹觅食的前提下，每天傍晚投喂1次就可以。投喂量依据投料后2个小时或翌日6：00前，以略有剩余为佳，不剩下次多投，剩料则下次少投。应细心观察，灵活调整，遵循定点、定时、不定量的原则。

二、水质管理

养蟹稻田的水质管理，既要满足于河蟹生长的需求，又要考虑水稻生长的要求。

（1）根据季节变化来调整水位。4、5月为提高水温，蟹沟内水深通常保持0.5～0.8米即可；6月水稻栽插期间，可将蟹沟内水位提高到与大田持平；7～8月蟹沟内水位可达1.4～1.5米；9～10月可因地制宜。另外，可因情况适时换水。

（2）根据天气水质变化来调整水位。河蟹生长要求池水溶解氧充足。为达到这个要求，要坚持定期换水。通常4～6月，每10～15天换水1次，每次换水1/5～1/4；7～9月高温季节，每周换水1～2次，每次换水1/3；平时还要加强观测，如水位过浅要及时加水，水质过浓要更换新鲜水。换水时间通常在10：00～11:00进行。

（3）水稻生长过程中需要施药时，要将稻田水灌满，施药后及时换水，减少农药对稻田水质的影响。稻田用药应高效低毒、低残留。水剂农药要求在中午喷施；粉剂农药要求在上午喷施，并尽量将药液喷落在稻叶上。施肥时坚持少量多次的原则，少施勤施。

三、巡田检查

稻田养蟹的日常管理，要求认真严格，坚持不懈。实行专人值班，坚持每天早晚各巡田1次，认真检查田埂、防逃墙及注排水系统的安全性，敌害生物对田埂的破坏情况等，确保养殖安全。要注意观察河蟹的活动、摄食、水质变化，定期查测水温、溶解氧、pH等，发现问题及时处理。

四、病敌害防治

搞好河蟹的病敌害防治，是稻田养蟹取得成功的重要一环。

（1）坚持预防为主，搞好病害防治。北方稻田养蟹主要病害有甲壳病、肠胃炎以及寄生虫引发的疾病等，主要通过药物预防与治疗的措施加以控制。6～10月，每隔半个月，每亩用生石灰10～15千克加水调配成20毫克/千克的溶液，全池泼洒1次。

（2）采取多种方法消灭敌害。河蟹的敌害主要有老鼠、青蛙、蟾蜍、水鸟等。除对养蟹沟、暂养池彻底清池消毒外，平时发现敌害要及时捕捉清除，进、排水口也要用密眼网封好，严防敌害进入。为防治鼠害，可使用鼠夹、鼠笼、粘鼠板等捕鼠工具，捕鼠工具设置在稻田的周围。

山东稻蟹生态共生种养技术

山东省济宁市下辖的微山湖流域，水利资源丰富，水稻种植面积达70余万亩，有发展稻田河蟹生态种植得天独厚的自然条件，有利于有开展蟹稻生态共生健康养殖。

一、稻田的选择与改造

（一）稻田选择

稻田选择在山东省济宁市任城区唐口街道多办渔场稻田18亩，南北走向，稻田水源充足，水质清新无污染，水体理化指标符合渔业养殖水质标准，进、排水方便，土壤肥沃。稻田远离交通要道，环境幽静，避风向阳，便于看护。稻田土壤为黏性壤土，渗透性小，保水性强。

（二）稻田改造

1. *加固田埂*　为了建设防逃设施，稻田四周建田埂并进行加固夯实，田埂顶部加宽至50厘米左右，高度比稻田田面高出50～60厘米。加固的土取自开挖蟹沟的土方，加固时每层土都要夯实，做到不裂、不漏、不垮，在满水时不能崩塌，确保田埂的保水性能。

2. *挖暂养池*　又称蟹溜，主要用于暂养扣蟹和收获成蟹。在稻田田头南端沿东西走向挖长80米、宽8米的暂养池，水深能够保持在1.5米左右。暂养池四周用硬质塑料布搭建防逃设施，塑料布下端埋入土壤20厘米左右、上端高出地面50厘米左右，每间隔1.5米用木棍支撑，木棍在塑料布外固定于土壤中，防止扣蟹顺着木棍爬出。暂养池前期起到暂养豆蟹的作用，后期又可为河蟹提供趋利避害的场所。

3. *开挖蟹沟*　在稻田内距田埂0.8米左右，沿埂开挖上部宽度2米、深度为0.8米、沟底宽为1.0米的环形蟹沟，并于暂养池相连。在稻田四角及对边的中间位置分别挖5米×3米×1.5米的坑池，在夏季高温季节，特别是干旱季节能够便于为河蟹提供活动、摄食、避暑场所。经过改造后的稻田暂养池、蟹沟和坑池，约占稻田总面积的10%左右。进、排水口设置在稻田相对角的田埂下面，进、排水管是直径40厘米水泥管道，进、排水管由阀门控制，水管内外皆用密铁丝网双层防逃，网眼大小根据河蟹规格大小确定，关键是要保证严密无漏洞。

二、放养前的准备工作

（一）防逃设施

为了防止河蟹逃走，要在稻田田埂上搭建防逃设施。防逃设施材质选择薄铁皮，在田埂上方距离田埂内缘斜面15厘米外沿顺着田埂挖大约30厘米深的沟，将薄铁皮埋入沟中，保证铁皮高出田埂面50厘米左右，铁皮外田埂宽约35厘米，便于投饵、巡田、施肥等行走。防逃铁皮光滑面向着稻田，每间隔2.0米由四棱木柱支撑固定，木柱固定于铁皮的外面，防止河蟹顺着木桩逃跑。

（二）暂养池清整

暂养池要提前进行消毒处理，开春后向暂养池注水，按每亩水面200千克生石灰的标准泼洒消毒，以杀灭致病菌。暂养池在2月下旬移栽水草，为蟹种提供栖息、隐蔽、生长和蜕壳的场所，提早移栽水草是提高蟹种成活率的关键措施。可移栽的水草有苦草、黄丝草、伊乐藻、轮叶黑藻等，其中，以伊乐藻最佳，并在水面上移植漂浮水生植物，如浮萍、芜萍等。水草移栽面积占暂养池总面积的30%～40%为宜，以零星分布最好，不要聚集在一起。为保证暂养蟹活饵供应，暂养池按照每亩150千克的标准投放鲜活螺蛳。

（三）蟹沟和坑池清整

蟹沟和坑池也同样采用生石灰消毒，以蟹沟和坑池面积计算，每亩用生石灰200千克化水泼洒杀菌消毒。蟹沟和坑池内同样要移栽水草，水草移栽面积占蟹沟和坑池总面积的20%左右即可。5月在河蟹进入田之前，蟹沟和坑池也按每亩150千克的标准投放鲜活螺蛳，保证河蟹有充足鲜活的动物性饵料。

（四）清田施肥

试验稻田插秧时间在5月中下旬，在4月底或5月初就要进行泡田，泡田前每亩施熟腐的牛粪、猪粪等绿色有机肥200千克左右和多元复合肥30千克作为基肥。复合肥侧重施于蟹沟和坑池内，便于藻类和浮游生物的培养，有利于为河蟹提供丰富的天然饵料。基肥撒在田面后用机械翻耕耙匀，有利于稻田肥料的均衡。基肥要尽量一次施足，减少以后施追肥的数量和次数。

三、河蟹暂养和水稻种植

（一）河蟹暂养培育

暂养池扣蟹投放时间在当年3月16日10:00进行，豆蟹选自上海福岛水产养殖专业合作社繁育的长江系河蟹，所选蟹种体质健壮、行动敏捷、规格整齐、无病无伤，规格为160只/千克，暂养池共投放扣蟹112千克。蟹种入池前消毒方法是，用暂养池中的水浸泡3分钟，冲去泡沫后提出稍间隔再浸泡3分钟，如此重复3次后，用3%的生理盐水浸浴15分钟左右进行消毒。扣蟹可以摄食暂养池中嫩草、浮萍、浮游动物及幼小螺蛳，但同时也要投喂植物性饵料如南瓜、甘薯，或喂煮熟的玉米、豆粕等，日投喂量按河蟹总重3%～5%，并根据水温、天气、摄食情况适时调整。每15天用20毫克/升的生石灰水体消毒1次，调节水质，预防病害。

（二）水稻种植

选择叶片开张角度小，属于抗病虫害、抗倒伏的紧穗型适宜北方种植的水稻品种长粒香。秧苗采用肥床旱育模式，稻种进行浸种但不催芽，直接落谷。插秧时间是5月27日，天气晴好无风，稻苗秧龄35天。先将泡田水位降下来，以水稻田刚好被水覆盖约3厘米左右，每亩插秧为1.4万穴左右，每穴4～5株。插秧时适当增加田埂内侧和蟹沟旁的插秧密度，发挥田边、沟边空间和肥力优势，以提高水稻产量。

（三）放蟹入田

插秧后30天，待水稻发棵分蘖返青后，即可将暂养池中培育的河蟹放入稻田中养殖。如果放养过早会损伤稻苗，过晚又会影响河蟹的养成规格。放蟹入田方法很简单，拆除暂养池塘四周的防逃设施，停止饵料投喂，河蟹便自然进入稻田、蟹沟或坑池内。

四、日常管理

（一）投饵管理

饵料投喂管理主要分为三个阶段：前期基本就在暂养池中度过；河蟹入田后至8月中旬属于中期阶段，以南瓜、甘薯或煮熟的玉米、豆粕等植物性饵料为主，避免饵料中蛋白含量过高营养过剩，反而促进河蟹性腺发育而成熟蜕壳提前，出现性早熟现象；8月下旬以后为育肥关键阶段，动物性饵料或全价料的投喂量，要占到总投喂量的50%左右。饵料投喂坚持“四定”原则：定时，利用河蟹昼伏夜出的生活习性，投饵主要安排在傍晚时分；定点，饵料主要投喂在蟹沟内，沿蟹沟每间隔20米设一投饵点，既省料又便于观察河蟹摄食情况；定质，保证饵料质量，不能霉变或污染；定量，投喂量为河蟹存有量总重的3%～5%，并根据天气情况灵活掌握。

（二）水位水质调控

稻蟹共生水位调节，以满足水稻不同生长期需要而又不影响河蟹生长为原则。稻田水位要保持在5厘米左右，不能够随意调整水位。如需要烤田，则可做到刚好排尽田水而又不影响蟹沟和坑池水量为准。定期调节蟹沟和坑池水质，每15天按照亩用20千克生石灰的标准进行泼洒消毒；在夏季高温季节，定期加注新水更换老水，每月换水3～4次，每次的换水量在10厘米左右。同时，向蟹沟中移栽水花生、水浮萍等，覆盖面积占蟹沟和坑池总面积的20%左右。水草可遮阳降温，净化水质，为河蟹提供植物性饵料，还为河蟹蜕壳提供了隐蔽和躲避敌害的场所。

（三）谨慎用药

河蟹能够有效杀灭水体中的水稻害虫，控制水稻病虫害的发生，整个过程河蟹和水稻都没有发生大的病害或虫害。稻蟹共生种养用药要十分谨慎，保证用药对症，且要使用一些高效低毒低残留的生态农药，并严格控制用药量和用药浓度。施药时要降低稻田水位，使河蟹完全进入蟹沟和坑池内。将药物尽量喷施在秧苗叶片上，粉剂农药在早晨露水未干时喷施，水剂和乳剂农药在下午喷施，严禁使用一些含磷类、菊酯类、拟菊酯类等毒性较强的药物。施药后要及时换注新水，降低农药影响，并密切关注河蟹活动情况。如发现河蟹异常，则要及时采取措施。

五、起捕收获

10月下旬在收割水稻前，陆续起捕河蟹上市销售。采取放水捕蟹的方法，就是把稻田里的水逐渐放干，放水时间选择在夜间清凉时段，要逐渐降低稻田里的水位，随着水位降低河蟹逐渐进入蟹沟和坑池内，然后铺设地笼捕捞起来就比较方便了。

六、经济效益

稻田18亩，共捕获成蟹655.2千克，平均亩产36.4千克，平均规格为112克/只，河蟹平均售价50元/千克，亩河蟹产值1 820元；稻田共收获水稻12 042千克，平均亩产水稻669千克，稻子售价4.4元/千克，亩水稻产值2 943.6元，合计亩产值达到4 763.6元。田间工程土方、防逃设施、蟹种、螺蛳、杂鱼、饲料、人工、水电及其他方面亩均投入1 817元，平均亩利润2 946.6元。

七、讨论

（1）稻蟹生态共生，额外增加了河蟹产值收入，稻米产量不下降反而略有提升。况且大米品质显著提高，能达到“香、软、糯、亮、绿”的标准，售价要比普通大米高得多。稻蟹共生，其实就是实现了功能互补，资源互用，减少了化肥、农药的投入，降低了生产成本，提高了大米品质。这种生态种养模式，完全符合发展环境友好型、资源节约型经济发展要求，也已成为现代渔业经济转型升级发展的新模式。

（2）河蟹属杂食性甲壳动物，动物性饵料必不可少，特别是冰鲜饵料鱼，但如果冰鲜鱼解冻后直接投喂，则由于携带致病菌多而使河蟹易患肠炎及肝胰腺肿大等病症而死亡。所以，冰鲜鱼必须煮熟消毒后才能投喂，或将冰鲜鱼煮熟后按比例加盐、麦粉（或玉米粉等）、蜕壳素、黏合剂等自制混合料成粒后投喂，保证动物性饵料质量。

（3）稻蟹共生种养河蟹饵料投喂至关重要，特别是6月下旬至8月中旬中期管理阶段，水温相对较高，河蟹摄食量大，新陈代谢旺盛，此时要以植物性饵料为主，严格控制动物性饵料投喂，防止河蟹营养过剩促进性腺发育，使成熟蜕壳提前，造成性早熟现象。

（4）济宁市现有水稻种植面积70余万亩，有发展稻蟹生态种养得天独厚的自然条件。该模式的大面积推广，能够彻底改变该市水稻和小麦轮作的传统模式，增加稻田的经济效益，提高农民生产的积极性。

辽宁稻田成蟹综合种养技术

本文主要从养蟹稻田的选择、田间工程、水质要求、蟹种选择与消毒、蟹种的暂养、蟹田水稻栽培技术、蟹种放养、养殖期管理和河蟹起捕等几个方面进行技术总结与介绍。

一、养蟹稻田的选择

养蟹稻田选择水源充足、灌排水方便、保水性能好的稻田，水质清新、无污染，盐度2以下，pH为7.5～8.5。养蟹稻田面积以10～20亩为一个养殖单元。

二、田间工程

（一）蟹沟

在田埂内侧1米远处挖环沟，环沟开口0.6米、沟深0.4米，进、排水口对角设置。

（二）埝埂加固

埝埂加固夯实，高不低于50厘米，顶宽不应少于50厘米。

（三）防逃

每个养殖单元需在四周埝埂上设置防逃墙。防逃墙材料采用塑料薄膜，每隔50～60厘米用竹竿做桩。将薄膜埋入土中10～15厘米，剩余部分高出地面50厘米以上。上端用尼龙绳做内衬连接竹竿，用铁线将薄膜固定在竹桩上，然后将整个薄膜拉直，向内侧稍有倾斜，无褶无缝隙，拐角处成弧形，形成一道薄膜防逃墙。稻田注排水口对角设置，采用管道为好，内端设双层防护网，网目大小可根据所养河蟹大小定期更换。有条件的养殖户，也可充分利用上下水沟作为田间工程。

三、水质要求

养殖水源无毒、无污染，符合《渔业水质标准》（GB 11607）规定，养殖用水水质符合农业行业标准《无公害食品　淡水养殖用水水质》（NY 5051—2001）要求。

四、蟹种选择与消毒

（一）蟹种选择

（1）选择活力强、肢体完整、规格整齐、不带病的蟹种。

（2）选择脱水时间短，最好是刚出池的蟹种。

（3）选择规格为100～160只/千克的蟹种为宜。

（二）蟹种消毒

蟹种放养时用20克/米^{3}的高锰酸钾浸浴5～8分钟或用3%～5%的食盐水浸浴5～10分钟。

五、蟹种的暂养

（一）暂养面积

暂养池面积应占养蟹稻田总面积的20%，暂养池内最好设隐蔽物或移栽水草。有条件的，可利用边沟做暂养池。

（二）暂养密度

每亩不超过3 000只。

（三）暂养池消毒

暂养池在放蟹种前7～10天用生石灰消毒，每亩用量为75千克（含10厘米水）。

（四）暂养期管理

1. *科学投饵*　做到早投饵，投饵量按河蟹体重的3%～5%观察投喂，根据水温和摄食量及时调整；7～10天换水1次，换水后用20克/米^{3}的生石灰或用0.1克/米^{3}的二溴海因消毒水体，消毒后1周用生物制剂调节水质，预防病害。

2. *科学管水*　暂养阶段水浅、密度大、氨氮高、水质混浊，因此，要特别注意水质调节，改善水质条件。主要做法为：

（1）加深水层，调节水质，每加水或换水1次，使用消毒净水剂全池泼洒，净化水质。

（2）随时观察、检测水质，及时发现问题，采取有效措施。

（3）要尽早将河蟹放入大田，因为暂养池中河蟹密度大，随着投饵量的增加和水温的升高，容易造成暂养池底质和水质恶化，使河蟹发病。蟹种也会因为密度大，在池边打洞，变成“懒蟹”。最好是在耙地后就将河蟹放入大田。

六、蟹田水稻栽培技术

（一）水稻品种的选择

选择适应北方地区的优良品种，具有较强的稳产性和丰产性，所选用的品种米质要优；品种的抗倒伏、抗病力等综合抗性要好，最好选用通过审定的品种。

（二）稻田整地、施肥与插秧技术

1. 稻田整地

（1）整地要求　要求田块平整，1个池内高低差不超过3厘米。土壤细碎、疏松、耕层深厚、肥沃、上软下松，为高产水稻生育创造良好的土壤环境。

（2）整地方法　蟹田每年旋耕1次。插秧前，短时间泡田，并多次水耙地，防止漏水漏肥。

2. 施肥技术　应用测土配制的活性生态肥，每亩用量为80千克。同时，每亩加施鸡粪类肥料200千克或一般农家肥1 000～1 500千克，旋耕前一次性均匀施入后再旋耕。

3. 插秧技术

（1）适时早插，大垄双行、合理密植　一般在日平均气温稳定15℃时，即可开始插秧。要求在5月底前完成插秧，做到早插快发。水稻栽插方法采用大垄双行、边行加密栽插模式，即改常规模式30厘米行距为20－40－20厘米行距，利用环沟边的边行优势密插和插双穴，弥补工程占地减少的穴数。在保证与常规插秧“一垄不少、一穴不缺”的前提下，靠边际优势保证充足的光照和通风条件，减少病害发生，同时，满足河蟹中后期正常生长对光照的需求。

（2）插秧方法　采用人工手插秧和机械插秧方法。插秧时水层不宜过深，以1～2厘米为宜。在插秧质量方面，要求做到行直、穴准、不丢穴、不缺苗，如有缺穴、少苗，应及时补苗。插秧深度1厘米左右，不宜过深，否则影响水稻返青和分蘖。

（三）蟹田水稻管理

1. 蟹田水管理　养蟹稻田环沟保持满水，根据水稻需水规律管水。养蟹稻田整个生产过程均保持适当水层，水稻孕穗期可适当加深水层。

2. 蟹田水稻病虫害防治　稻蟹种养田病虫害主要以预防为主。

（1）因地制宜地选用高抗品种或抗病品种，逐年淘汰感病品种，严禁主栽品种单一化，实行几个抗病品种搭配种植。

（2）加强栽培防治措施，采用旱育苗培育壮秧，提高秧苗抗性，合理密植。

（3）氮、磷、钾配合平衡施肥，增施有机肥和硅肥，避免氮肥施用量过多、过猛。

（4）科学管水，合理灌水和晾田，增强抗病能力，减缓病害的发生和扩展。

（5）主要病虫害采用苗床施药带药移栽防治方法，同时，可采用早放蟹的方法，河蟹可吃食草芽和虫卵，不用除草剂，达到生态防虫害的效果。

七、蟹种放养

蟹种放养可采用两种方式：一是插秧前放入养殖田，但必须注意投喂充足的饵料，河蟹才不会夹食秧苗；二是在水稻秧苗缓青后，放入养殖田，但要注意放养前要换掉稻田内的老水。蟹种放养密度以500只/亩为宜，暂养蜕1次壳后以350只/亩为宜。

八、养殖期管理

（一）水质调节

养蟹稻田田面水深最好保持在20厘米，最低不低于10厘米。有换水条件的，每7～10天换水1次，并消毒调节水质。具体方法是：每次换水后，使用0.1克/米^{3}二溴海因或用15～20克/米^{3}生石灰化水泼洒消毒水质，1周后使用生物制剂改良调节水质，但这一做法必须在晴天使用，连续阴雨天不能使用；在连续阴雨天、气压较低的情况下，可适时向水中泼洒生石灰调节pH，泼洒增氧剂，增加水中溶氧。换水条件不好的，可以每15～20天消毒调节水质1次。7、8月高温季节，水温较高，水质变化大，易发病，要经常测定水的pH、溶解氧、氨氮等，保证常换水，常加水，及时调节水质。

（二）科学投饵

科学投饵要做到定时、定质、定量、定点，投喂点设在田边浅水处，多点投喂。日投饵量占河蟹总重量的5%～10%，主要采用观察投喂的方法，注意观察天气、水温、水质状况和河蟹摄食情况来灵活掌握投饵量。阴雨天、气压低、水中缺氧，在这样的情况下，尽量少投饵或不投饵。

投喂饵料品种为：养殖前期，一般以投喂粗蛋白含量在30%以上的全价配合饲料为主，搭配投喂玉米、黄豆、豆粕等植物性饵料；养殖中期，以玉米、黄豆、豆粕、水草等植物性饵料为主，搭配全价颗粒饲料，适当补充动物性饵料，做到荤素搭配、青精结合；养殖后期，转入育肥的快速增重期，要多投喂动物性饲料和优质颗粒饲料，动物性饲料比例至少占50%，同时，搭配投喂一些高粱、玉米等谷物。

（三）蜕壳期管理

（1）每次蜕壳前，要投喂含有蜕壳素的配合饲料，力求蜕壳同步，同时，增加动物性饵料的投喂量。动物性饵料投喂比例占投饵总量的50%以上，投喂的饵料要新鲜适口，投饵量要足，以避免残食软壳蟹。

（2）在河蟹蜕壳前5～7天，稻田环沟内泼洒生石灰水5～10克/米^3，增加水中钙质。

（3）蜕壳期间，要保持水位稳定，一般不换水。

（4）投饵区和蜕壳区必须严格分开，严禁在蜕壳区投放饵料。

（四）日常管理

日常管理要做到勤观察、勤巡逻。每天都要观察河蟹的活动情况，特别是高温闷热和阴雨天气，更要注意水质变化情况，河蟹摄食情况，有无死蟹，堤坝有无漏洞，防逃设施有无破损等情况，发现问题，及时处理。

（五）病害防治

河蟹病害防治要遵循“预防为主、防治结合”的原则，坚持以生态防治为主、药物防治为辅。

（1）使用有效药物，对环境、水体、蟹种、投饲点进行消毒。

（2）勤观察水质，勤换水或勤加水，保持水质清新。

（3）定期用二溴海因或生石灰等消毒处理水质，泼洒生物制剂，来调节水质，抑制病菌繁殖。

（4）科学投饵，掌握好投饵量和品种，做到定点、定时、定质、定量。

（5）封闭管理，积极治疗。河蟹一旦发病，要对症下药、积极治疗，并采用封闭式管理，避免交叉感染，导致更大范围蟹病发生与流行。

（6）几种常见蟹病的治疗方法。北方地区常见蟹病有水肿、烂鳃、肠炎、蜕壳不遂症等。对于发病区域，要早发现、早治疗，对症下药。但要注意使用药物防治，一定要计算好水体、投药量：

①使用二溴海因或溴氯海因等消毒剂消毒、处理水质。二溴海因用法与用量为：预防上用量为0.1克/米^3；治疗上用量为0.2～0.3克/米^3，病情严重时隔天再用1次。

②对于肠道病要投喂药饵，可以在饵料上喷洒EM菌，来改善肠道中的菌群，既可增强河蟹免疫力，又可提高河蟹品质。但要注意喷洒EM菌后，饵料要用鸡蛋挂膜，否则会溶入水中，降低药效，起不到良好的预防效果。

③对于蜕壳不遂症，除了消毒、处理水体外，还要保证饵料的质和量，同时，饵料中要加入一定量的蜕壳素。

九、河蟹起捕

北方地区养殖的成蟹，在9月中旬即可陆续起捕。稻田养成蟹的起捕，主要靠在田边和稻码底下用手捕捉，也可在稻田拐角处下桶捕捉。秋季，当河蟹性成熟后，在夜晚就会大量爬上岸，此时，即可根据市场的需要，有选择地捕捉出售或集中到网箱和池塘中暂养。这种收获方式一直延续到水稻收割，收割后每天捕捉田中和环沟中剩余河蟹，到捕净为止。

宁夏稻田河蟹生态种养高效技术

自2009年以来，宁夏在引黄灌区13个县市区示范推广稻田河蟹生态种养技术。经过3年时间，养殖规模从16.7公顷推广到了6 200公顷。在大面积推广的过程中，并形成了一套稻田养蟹“宁夏模式”和生产技术。

一、材料和方法

（一）示范地点

在宁夏青铜峡市大坝镇中庄村2队“稻–稻–旱”轮作田中进行，前茬作物为水稻，面积0.9公顷。土壤类型为灌淤土，质地为沙壤土，耕作层（0～0.20米）土壤养分含量分别为：全盐0.6克/千克，全氮0.78克/千克，水解氮46.1毫克/千克，速效磷9.7毫克/千克，速效钾99.0毫克/千克，有机质12.1克/千克，地下水位深1.5米。土层机翻深度0.20～0.25米，地力水平中等。

（二）供试材料

水稻为“宁研843”优质品种，大米为香型长粒米。稻田底肥、追肥全部采用宁夏玉泉生物有机肥料厂生产的商品有机肥，有机质≤30%，N/P/K≤4%。河蟹苗种为辽河水系中华绒螯蟹，河蟹饲料为辽宁省盘山县生产的成蟹专用料，粗蛋白含量为30%左右。灌溉用水为黄河水，取自西干渠青铜峡树新林场段。

二、示范过程

（一）水稻生产管理

当年4月10日浸种，4月17日旱育秧，5月10日平地旋田，有机肥施用量6 000千克/公顷。5月25日采取“两行相靠、边行密植”的模式，每1公顷人工插秧24万穴，每穴3～4株。根据稻田的渗漏情况，每2～3天补水1次，保持稻田水深0.15米。6月12日施均苗肥375千克/公顷，6月18日人工清除大型杂草，6月24日施抽穗肥375千克/公顷。水稻生长期间未使用化肥和农药。9月30日收获水稻。

（二）河蟹养殖管理

1. *苗种调运*　当年4月5日，从上海海洋大学在辽宁盘山县胡家镇的稻田河蟹示范基地调入蟹种，数量500千克，规格85只/千克，长途运输“脱水”时间40

小时。蟹苗到达后，按照去冰升温、浸水适应、药浴消毒等程序，投放到经过清整、消毒、培肥、围栏的0.67公顷池塘中，池塘扣蟹放养量750千克/公顷。放苗时气温16℃，水温9℃。

2. *饲养管理* 在4月6日至5月25日的池塘养殖期间，饲料以豆饼和新鲜野杂鱼为主。每天17：00投喂1次，投饵量根据水温控制在1.0%～3.0%。5月26日稻田插秧结束3天后，从池塘中起捕蟹种，稻田放养经过药浴消毒的蟹种7 500只/公顷。在稻田养殖期间，每天投喂2次，8：00占日投饲量的10%，17：00占90%。投饵量根据水温和季节灵活调整，一般控制在3.0%～10.0%。

3. *水质管理* 池塘养殖期间，4月上旬保持池塘水位0.60米。随着水温的升高，定期加注新水，每次0.10米左右。在稻田养殖期间，定期进行补水，水深始终保持在0.15米左右。每天10：00定期监测养殖水体的水温、溶解氧、pH、氨氮等参数，确保溶解氧、氨氮等符合养殖用水标准。

8月25日，宁夏渔业环境与水产品质量监督检验中心按照《无公害食品 淡水养殖用水水质》（NY 5050—2001）和《地表水环境质量标准》（GB 3838—2002）（Ⅲ类），对稻田灌溉用水和养蟹稻田中的水体进行了检测。其中，灌溉用水共检测色臭味、总大肠菌群、汞、镉、铅、铬、铜、锌、砷、氟化物、石油类、挥发性酚、甲基对硫磷、马拉硫磷、乐果、六六六、滴滴涕17项参数，各项参数全部合格。养蟹稻田水体共检测pH、溶解氧、总磷、总氮、氨氮、高锰酸盐指数、COD7项参数，有5项参数合格，总氮和氨氮含量不合格，及时采取加注新水的方法，总氮和氨氮含量达到标准要求。

4. *日常管理* 池塘养殖期间，每20天用生物菌制剂进行全池泼洒，促进池中的有机物氧化分解，降低水体中氨氮、硫化物等有毒物质对河蟹的影响。向池塘四周浅水区投放水草600千克、芦苇每100米^{2}120捆，作为河蟹生活、蜕壳时的隐蔽场所和河蟹植物性饵料。6月以后，每月用0.2毫克/升的二溴海因在环沟和投料点进行消毒。在4～9月整个养殖周期，共抽样测体重8次，时间分别为4月5日、5月15日、5月27日、6月5日、7月9日、8月2日、8月25日和9月14日，平均体重分别为0.005 9千克、0.009 5千克、0.011 4千克、0.021 0千克、0.038 2千克、0.056 4千克、0.092 0千克、0.100 0千克。仔细观察河蟹每一次的蜕壳时间，掌握蜕壳规律。蜕壳高峰期前7天换水、消毒。蜕壳高峰期避免用药、施肥，减少投喂量，保持环境安静。

5. *收获捕捞* 当年9月10日开始，每天傍晚发现有大量的河蟹上岸，9月14日开始手工抓捕，到9月19日抓捕结束。捕捞的河蟹分雌雄、大小分别放入河蟹专用育肥箱中。育肥箱放在围栏的池塘中，每天用野杂鱼进行集中强化育肥，陆续上市销售。

三、示范结果

（一）河蟹效益

河蟹经过152天的饲养，0.9公顷试验田共捕捞河蟹（“稻田蟹”）290.25千克，饵料系数为1.9。河蟹平均体重从5.5克生长到100克，其中，雄蟹平均体重106.4克，雌蟹平均体重93.9克。河蟹平均产量318千克/公顷，回捕率51%，肥满度达到77.6，达到了黄满膏肥优质蟹的标准。9月16日，宁夏渔业环境与水产品质量监督检验中心按照《无公害食品　水产品中渔药残留限量》（NY/T 5070—2002）、《无公害食品　渔用药物使用准则》（NY/T 5071—2002）标准，对生产的商品蟹进行了孔雀石绿、五氯酚钠、汞、砷、铅、镉含量检测，经检测5项参数全部合格，稻田中养殖的河蟹达到了无公害食品标准。河蟹平均售价50.0元/千克，产值15 900元/公顷，生产成本6 750元/公顷，利润为9 150元/公顷。

（二）水稻效益

经过测产，养蟹稻田“宁研843”水稻（“蟹田稻”）产量7 950千克/公顷，收购价为6.0元/千克，产值47 700元/公顷，生产成本为22 650元/公顷，利润为25 050元/公顷。常规单种“843”优质水稻平均产量7 305千克/公顷，收购价为4.6元/千克，产值33 600元/公顷，生产成本为22 200元/公顷，平均利润为11 400元/公顷。

（三）综合效益

采取稻蟹生态种养模式，“水稻和河蟹”产值63 600元/公顷，生产成本29 400元/公顷，养蟹稻田利润32 400元/公顷，如果扣除土地流转费9 000元/公顷，稻蟹生态种养模式利润43 200元/公顷。

四、小结与讨论

1. 稻田养蟹能够增加土地的效益　“双行靠”的栽培方式，增强了稻田的通风和透光性；河蟹在稻田里为水稻疏松土壤，提高了土壤的通透性；河蟹的蜕壳物、排泄物和吃剩的残饵作为有机追肥，促进了水稻的快速生长。通过农业和渔业的结合，水稻产量比常规单种田增产8.8%，效益提高2.8倍。即发展1公顷稻田养蟹，相当于种植近3公顷常规水稻。

2. 稻田养蟹能够降低生产投入　河蟹将稻田中的小型杂草清除，芦草、稗草等大型杂草人工清除1次，比单种水稻减少人工除草2～3次，1公顷减少人工开支726元；河蟹的蜕壳、粪便和剩饵作为高效追肥，降低了化肥的投入量，1公顷节约肥料开支450元；河蟹以稻田中的水生动物为食物，降低了水稻病虫害的发生，减少了农药投入，1公顷可节约药费450元。发展稻田养殖河蟹，1公顷平均降低生产投入5%以上。

3. 稻田养蟹“宁夏模式”管理要点　宁夏适合河蟹生长的时间只有150天左右，稻田养蟹分为“春季蟹种池塘养殖”“夏季河蟹稻田养殖”“秋冬季集中育肥”三个阶段。要按照养殖阶段的不同重点，进行科学管理。“春季蟹种池塘养殖”重点解决池塘清整、蟹种选购、管理和起捕等关键技术，提高蟹种的成活率和规格；“夏季河蟹稻田养殖”重点解决防逃围栏、水稻旱育稀植、饲料投喂、水质调控、病防及成蟹收获等关键技术，提高河蟹规格和产量，以及水稻的产量和品质；“秋冬季集中育肥”重点解决育肥、品牌宣传等关键技术，增加商品蟹的体重，提高河蟹品质和价格，增加经济效益。

北方高寒地区稻田养蟹技术

稻田养蟹是一种新的立体、生态种养模式，河蟹能清除稻田内杂草，减少水稻病虫害，增加稻田土壤肥力，提高水稻产量；同时，水稻能够净化水质，为河蟹生长、发育、觅食、栖息等提供良好的环境。黑龙江省穆棱市地处高寒地区，进行稻田养蟹试验，试验面积200亩，亩产水稻600千克，收获河蟹30千克，达到水稻稳产、河蟹增收的目的。

一、稻田的选择与改造

（一）稻田的选择

用于养殖河蟹的稻田要求靠近水源，排灌方便，水质良好，无污染，土壤肥沃，保水力强，面积一般在3 000～8 000米^2。

（二）稻田改造

在养殖河蟹的稻田改造上，首先要加高加固田埂。养殖河蟹的田埂要求加高至60厘米以上，田埂顶宽不小于40厘米，底宽80～100厘米。田埂要夯实，以防漏水逃蟹。其次要科学挖设蟹沟。在距田埂内侧100厘米左右处挖“口”字形蟹沟，沟宽80～100厘米、深50厘米，坡比为1.0：1.2，同时，根据稻田面积大小开挖“田”“目”“日”“井”“丰”字形蟹沟，蟹沟总面积占稻田面积的10%～15%，蟹沟相互连通通，为河蟹提供安全栖息场所，有助于秋季捕捞。再次是设置防逃墙。河蟹具有较强的攀爬逃跑能力，因此需要设置防逃墙，设置时间应在稻田插秧之后、蟹种放养之前。防逃墙通常用加厚抗老化塑料薄膜、钙塑板等围拦于稻田四周，墙高60厘米左右，向内倾斜做檐。进、排水口处地基要夯实，进、排水口要用较密的铁丝网封好，防止螃蟹逃跑。

二、水稻移栽与蟹苗暂养、投放

（一）水稻移植

进行养蟹的稻田，应选用大田生长期相对较长、抗倒伏、抗病力强、适合本地区生长的优质高产水稻品种——龙粳14、龙稻4、龙稻5、超优2。为提高水稻产量，可在沟塘周围适当增加栽植密度。水稻移植时间应在5月中旬完成，各地可根据节气情况，适当调整移植时间。

（二）蟹苗挑选

黑龙江省气温较低，扣蟹培育难度大，蟹苗大多来自辽宁盘锦。在蟹苗的选购上，应挑选优质蟹种规格整齐，体质健壮，体色黄中带青有光泽，附肢完整，脐部紧贴腹部，活动灵敏，手抓松开后立即四散逃跑。要避免购买“老头蟹”（性成熟的蟹种）和有病蟹种。扣蟹规格要求60～150只/千克，规格过小，造成养成蟹不大，影响经济效益。

（三）蟹苗暂养与投放

因辽宁盘锦地区蟹苗（扣蟹）出池时间一般在3～4 月；此时，黑龙江地区水稻正处于育秧初期，因此，购进的扣蟹应先放在小池塘中暂养。扣蟹一般需暂养60天左右。暂养池要求水深0.8～1米，暂养密度为2 000～5 000只/亩。蟹苗入池前对暂养池进行消毒，每亩生石灰用量为75千克，以杀灭有害生物。扣蟹入池时，应进行消毒处理，可用浓度为3%～5%的食盐水或浓度为20～40毫克/升的高锰酸钾溶液浸泡消毒，浸泡时间5～10分钟，入池时应注意温差不能过大。暂养期间饲料以动物性饲料为主，如小鱼、动物内脏等。每天傍晚投喂1次，日投饲率3%～8%，根据河蟹吃食情况调整投喂量。定期换水，以促进河蟹正常的生长蜕壳。待水稻移植结束10天左右，一般是6月中、上旬将蟹苗放入稻田，放养量不宜过大，每亩放养扣蟹300～500只。

三、饲养管理

（一）饵料投喂

河蟹为杂食性水生经济动物，具有贪食的习性。在饵料的选择上，应注重植物性饵料与动物性饵料的搭配。在充分利用天然饵料的同时，还应投喂人工饲料，掌握“两头精、中间粗”的原则。扣蟹投放初期6月中旬至7月初，由于气温较低，杂草、水生动物生长缓慢，饵料投喂应以精料为主，饵料主要为小鱼、小虾、动物内脏或豆饼、玉米等；7月中旬至9月初，是河蟹的摄食高峰期，应增加青料的比重，多喂一些杂草、土豆等，少喂一些小杂鱼、动物内脏等；9月中旬气温降低，应以精料为主，多喂一些小杂鱼、动物内脏等促进河蟹摄食，增加河蟹体重。总之，在河蟹饵料的投喂上应选用新鲜、无腐败变质的饵料，日投饵量为河蟹体重的5%～8%，日投饵2次。采取定质、定量、定时、多点均匀投喂。

（二）水质调控与日常管理

养蟹的稻田水中溶解氧一般需保持在5毫克/升以上，pH7.5～8.5。水稻移入大田时，田中水位在10～20厘米。以后随着水温的升高和水稻的生长，逐步提高水位至50～60厘米。在夏季高温季节进行适时换水，水源充足的稻田应保持长流水，控制好进、排水流量，满足水稻的生长与河蟹的栖息、生长、发育。在稻田施药时，要提高水位，将稻田灌满水，施药后要及时换水，减少农药对稻田水质的影响。稻田用药应选用对河蟹生长、发育没有影响的高效低毒、低残留农药，在施药时应坚持少量多次的原则。

（三）病害防治

由于稻田养蟹，放养密度较小，因此疾病较少，一般以预防为主。放养时用高锰酸钾或盐水对蟹进行药浴，时间5～10分钟。养殖期间，每月用生石灰15～25千克/亩在蟹沟内遍洒1次。黑龙江省河蟹养殖的主要敌害为老鼠和水鸟。为防治鼠害，可使用鼠夹、鼠笼、粘鼠板等捕鼠工具，捕鼠工具设置在稻田的周围；防治水鸟，可采取在田边安放稻草人及燃放鞭炮驱鸟。

四、河蟹收获

黑龙江省稻田养蟹捕捞时间一般在9月上旬进行，要避免河蟹因气温下降而钻泥，给捕捞带来不便。捕捞方法与池塘养蟹大致相同，在稻田闭水后，此时稻田内的水全部集中到蟹沟，可利用河蟹的趋光性夜晚上岸习性，在稻田设置陷阱，用灯光诱捕或徒手捕捉，利用地笼网在蟹沟中进行捕捞；利用夜间缓慢排水，诱使河蟹集中到蟹沟或出水口进行捕捞。将上述方法结合起来，反复进行捕捞，一般捕获率可达95%以上。

高寒山区小龙虾稻田生态养殖技术

近两年，广东省连南瑶族高寒山区充分利用稻鱼生态工程建设和小龙虾养殖基础，大力引进和示范推广小龙虾稻田生态养殖，取得了良好的效益。

一、养殖模式介绍

目前，连南高寒山区稻田养殖小龙虾方式，有稻虾共作、稻虾连作以及稻虾共作加连作的混合模式。稻虾共作模式：连南高寒山区都以种植一季水稻为主，每年5月水稻栽植后，当地养殖户投放小规格的小龙虾苗种，使其与水稻一同生长。在9月中、下旬，稻谷收割前捕捉小龙虾。稻虾连作模式：9月下旬至10月初，稻谷收割后，放水淹田，将种虾投放稻田使其自行繁殖，翌年4～5月起捕上市。或者于中稻收割后投放小龙虾苗寄养，翌年4月开始捕捞。根据生产实际，当地养殖户又创造性地发展“稻虾共作”与“虾稻连作”结合的养殖方式。这种方式是在每年5～9月，稻、虾共同生长一段时间，待10月水稻收割后，利用稻田的冬闲期，将稻田作为养虾池塘，小龙虾继续养殖到翌年的5～6月。与上述单一的养殖模式相比，这种混合模式延长了小龙虾的养殖周期。

二、养殖效益分析

小龙虾，学名克氏螯虾，又称淡水龙虾。原产于北美，现广泛分布于长江中下游。小龙虾适应性极广，喜欢生活在水体较浅、水草丰盛的湿地、湖泊、稻田和河沟内，是适宜稻田养殖的优良水产品种之一。稻田中水的溶氧量较高，动植物饵料丰富，为小龙虾提供了良好的栖息、摄食和生长环境。另一方面，小龙虾能消灭稻田中的虫卵、幼虫，降低了稻田虫害的发生率，减少稻田的用药量和施药次数；同时，利用小龙虾大量摄食秸秆，实行稻草还田，避免秸秆焚烧或进入水域污染环境，为秸秆利用找到了一个好途径，有利于保护生态环境。近年来，连南瑶族自治县农业科学研究所联合县水产技术推广站在连南瑶族传统稻田养殖区，开展小龙虾的优质高效养殖模式试验示范。共建立小龙虾稻田生态养殖模式示范区200亩，带动全县大面积推广小龙虾稻田生态养殖面积1 150亩，每年提供无公害小龙虾产品120吨，产值360万元，扣除各项生产成本，农户增加收入230

万元。此外，还生产优质稻谷552吨，产值220万元。实现亩产水稻480千克，亩产小龙虾105千克，水稻亩产值1 920元，小龙虾亩产值3130元，亩总产值5 050元，亩均利润3 000元。其中，小龙虾亩均利润达2 000元，比单种水稻效益提高了2倍。连南高寒山区开展小龙虾稻田生态养殖，既提高了山区稻田的利用率，又保证了粮食生产，更使农民的口袋鼓起来，一举多得，值得推广。通过推广发展小龙虾养殖，使荒废塘堰、冬闲田、抛荒田、冷浸田得到合理地开发利用，稻禾病虫害减少，稻草焚烧得到改善。对农业增效、农民增收、生态环境改善及社会主义新农村建设具有重大意义。

三、养殖技术要点

（一）稻田条件

1. 水源、水质　应选择水源充足、水质优良，确保旱季不干涸、雨季不淹没、保水性能好的一季熟中稻田。稻田周围生态环境较好，没有污染源影响。

2. 土壤、环境　最好选择黏壤土质田块。田底要求肥而不淤，田埂坚固结实，不漏水，田块周边环境安静。此外，还要求灌溉容易，沟渠通达，交通便利。

3. 大小面积　面积大小不限，随自然田块适当改造为10～30亩为一个单元。统一规划、建设，便于管理。

（二）稻田工程建设

连南高寒山区稻田养殖已有数百年历史，2012年连南承担广东省“双节双高”渔业示范园区建设项目，共投入855万元。开展省级稻鱼生态渔业示范园区建设，共完成稻田田埂硬化工程共34 150米^2，修建鱼凼工程共510个，建设水利设施排灌渠1 611米，小陂坝共10座。在此基础上略加改造，即可养殖小龙虾。具体做法是：

（1）在稻田四周离田埂1～2米处开挖环沟，沟宽2～3米、深0.8～1.0米，坡比（1.5～2）：1.0，沟的四周构筑高20～30厘米的小土埂。

（2）面积较大田块，可在田中开挖“十”或“井”字形田间沟，沟宽0.8米、深0.5米。环沟＋田间沟的面积占稻田总面积的10%左右。所挖土方用于构筑小土埂，供小龙虾打洞穴居。

（3）为防止小龙虾逃逸，稻田的外围田埂适当加高、加宽和加固，一般田埂的高和宽均不低于0.6米，田埂内侧基部用塑料薄膜或其他硬质材料构建防逃栅栏。在连南山区梯田，由于小龙虾打洞的特性会导致田埂漏水，因此，必须挖好防洪沟、田基硬化，并严格做好防逃设施。

（4）进、排水口修建栅栏或用密网封口。

（三）稻田准备

小龙虾放养前，需做好以下准备工作：一是清除稻田中危害小龙虾幼苗的野杂鱼虾，如黄鳝、野鲫、小虾蟹等，敌害生物如水蛇、老鼠、水蛭等，及一些不能被小龙虾利用的杂草等；二是施足基肥，每亩施放腐熟的畜禽粪肥500～800千克，埋入环沟土中10～20厘米，可作为稻禾及养虾水草的基肥，有利于稻禾及水草快速生长，同时可以培肥水质，繁育底栖生物作为小龙虾的饵料；三是种植水草，第一年种草在虾种放养前进行，以后每年1月底前在环沟中栽种和移植水草。水草品种有苦草、轮叶黑藻、浮萍和水花生、空心菜等水生植物，为小龙虾提供植物性饲料并净化水质。因小龙虾对刚栽种的尚未发芽的水草破坏力较强，因此，要求水草尽可能早栽和多栽。

（四）苗种投放

小龙虾苗种投放有两种模式。第一种模式是在5～6月，水稻移栽后7～10天，待稻禾返青分蘖期投放幼虾，放种量一般每亩投放1厘米以上的幼虾1万～2万尾。幼虾来源最好是就地收购，减少运输损伤。投放幼虾要均匀分布，1/3虾苗投放到环形沟中，2/3投放到稻田中。由于小龙虾有较强的地盘性，均匀分布投放，才能有效利用稻田的浅水环境。稻、虾共生一段时间，待水稻收割前后，起捕达到上市规格的成虾，未达商品规格的小龙虾和经选留的部分亲虾，继续放养在稻田，养殖到翌年的5～6月全部起捕。第二种模式是在8月中旬以后投放亲虾或抱卵虾，待水稻收割后放水50～60厘米，养殖到翌年5～6月起捕。这种投放方式需要注意：

（1）放种量不能太大，一般每亩投放10～15千克的亲虾，雌、雄性比为（3～5）：1。随着时间的推移，雌、雄比例增大，9月雌、雄比例可按（7～8）：1配比。10月初采集到的亲虾绝大部分已处于待产状态，可不放雄虾。

（2）收购亲虾时必须要精心挑选，尽可能挑选活力强个体大成熟度好的亲虾，外观头紫尾红。

（3）就近收购亲虾，时间不能太早，采取不同地点收购，防止近亲繁殖。

（四）饲养管理

1. 饲料投喂　稻田生态养殖小龙虾，除采取施足基肥、适量追肥等办法，培养大型浮游动物、底栖生物及杂草嫩芽等，为小龙虾提供优质适口的天然饵料。还应根据不同季节和小龙虾的生长发育阶段，增加投喂人工饲料，避免小龙虾饥饿时自相残杀。小龙虾饵料分为植物性饲料、动物性饲料和配合颗粒饲料。植物性饲料主要有水花生、轮叶黑藻、马来眼子菜、苦草等天然水草，南瓜、西瓜皮等多种蔬菜，豆饼、花生饼、小麦、玉米、芝麻等谷物饲料。动物性饲料主要有小鱼、小虾、螺蛳、蚌肉、蚕蛹、猪血及畜禽内脏等。3～6月，以投喂精料为主，如配合饲料、小杂鱼等动物性饲料；7～10月，适当增加植物性饲料的投喂比例。饲料投喂在傍晚进行，投在环沟滩上和沟边田坂上，投饲量根据吃食情况而定，一般以投饲后3小时内基本吃完为宜。为降低饲料成本，在养殖初期，可充分利用稻田中的光、热、水、肥等资源优势，搞好天然饵料的培育与利用。待稻田小龙虾总量增长，再增加投喂人工饲料。人工饲料也可投喂自主搭配的麸皮、玉米、酒糟、青菜叶等，以达到降低饲养成本的效果。

2. *养殖管理*　坚持每天早、晚各巡田1次，观察小龙虾吃食、活动情况及检查进排水口、防逃设备是否完好，发现问题及时处理。小龙虾喜欢在水质清新、溶解氧充足的水域里栖息生长。养殖过程中，池水的pH保持在7.5～8.5，透明度为30～40厘米，要经常加注新水，定期泼洒生石灰溶液，调节水质，防止病害发生及蜕壳不遂。6月稻田水温升高，应注意防止水体缺氧情况的发生。若发现虾苗有爬上水草或有大量上岸现象时，及时注水或投放增氧剂，以防止虾苗缺氧死亡。环沟中水草不足时及时予以补充，繁殖过多时及时清理。开春后鸥鸟较多，加之稻田水位较浅，虾苗被捕食的现象十分常见，应在稻田中设置稻草人等方法进行驱赶。

（五）成虾捕捞

轮捕，是提高稻田养虾产量和效益的重要技术手段。稻田养殖小龙虾，宜采用集中捕捞和常年捕捞相结合，利用虾笼进行诱捕。具体方法是，在环沟中投放地笼，在稻田中间投放虾笼进行捕捞，晚上捕捞效率较白天效率高，大约6小时收笼1次，挑选达到商品规格的个体上市出售，小个体虾继续留田饲养。考虑到翌年稻田养虾的苗种来源问题，在捕获过程中可挑选出一些活力较强的个体，作为亲虾留在环沟内继续饲养。开始捕捞时，不需排水，直接将虾笼布放于稻田及虾沟内，隔几天转换一个地方。当捕获量渐少时，可将田水排出，小龙虾集中虾沟中，然后于虾沟中放虾笼，直至捕不到商品小龙虾为止。

（六）水稻栽培与管理

水稻品种的选择，应选抗病力强、耐肥力强、不易倒伏、株型紧凑、通风透光、优质高产、生长期较长的品种。连南高寒山区一般4～5月上水翻耕，平田整地；5月下旬至6月上旬施足基肥，移栽秧苗。秧苗适当稀植，栽插密度为每公顷基本苗在150万株左右。

养虾稻田肥力较足，除施基肥外，生长期一般追尿素2次，每公顷每次施30～45千克，外加氯化钾15千克。养虾的稻田采取轻晒的办法，保持畦面有5～6厘米水位进行不脱水晒田，或采取短时间排干田水，水位降至畦面露出水面即可。水稻生长过程中，需要除草治虫。杂草及稗草要人工清除，病虫害则以预防为主。8月为二代二化螟发生期，可在产卵高峰期降低稻田水位，使二代二化螟产卵部位下移，到卵孵化高峰期再加高水位，闷死虫卵。9～10月水稻收获前，先降低水位，将小龙虾引入沟内、暂养池内，待稻田全部露出水面后再收割，收割后立刻灌水。

丘陵地区稻田芙蓉鲤鲫养殖技术

芙蓉鲤鲫是由湖南省水产科学研究所用散鳞镜鲤为母本、兴国红鲤为父本进行品种间杂交，得到杂交子代芙蓉鲤；再以芙蓉鲤为母本、红鲫为父本进行远缘杂交，筛选出新型鲤鲫杂交种。芙蓉鲤鲫作为国家水产新品种，与普通鲤鲫杂交鱼相比，芙蓉鲤鲫生长快20%，提高产量23%；养殖性状优良，耐低温低氧能力强，耐操作、耐运输，起捕率高；肉质优良，口感好，肉多刺少，营养丰富（芙蓉鲤鲫肌肉中粗蛋白、脂肪、鲜味氨基酸和不饱和脂肪酸含量均明显优于普通鲫）。它属底层杂食性鱼类，具有较强的耐低氧能力，对水质要求不高，耐肥水，最适生长pH为7～9，最佳生长水温为24～28℃。2015年，在湖南益阳市赫山区丘陵地区采取“稻鱼共生”模式，开展了芙蓉鲤鲫的稻田养殖试验，面积3.4亩。稻米品种为超级杂交稻品种“准两优608”，采取“一季稻+再生稻”种植模式，稻鱼共生时间长达165天。2015年5月7日共投放当年夏花约380尾/亩，10月19日收割稻谷，11月14日收获捕捞182.1千克，稻田养殖平均亩产芙蓉鲤鲫成鱼53.6千克，取得了较好的效果。

一、材料和方法

（一）材料

1. *鱼种*　挑选体格健壮、无伤无病、规格基本一致的当年产纯芙蓉鲤鲫“寸片”鱼苗，投放到稻田时，鱼种体长3～4厘米左右。

2. *场地*　场地为1块面积为3.4亩的丘陵区稻田，近长方形，光照条件好，水源优良，水质较好，进、排水设施完善，高进低排，排灌分开。稻田中开挖有0.8～1米深的“井”字形鱼沟，鱼沟总面积约为200米^2，鱼沟离田埂保持1.5米以上距离，以免影响田埂的牢固性。进、排水口的地点选择在稻田相对两角的田埂上，这样进、排水时，可确保整个稻田的水顺利流转。进、排水口设置有拦鱼栅，避免跑鱼，拦鱼栅是铁丝网制作，防止鱼顶流跃逃与拦截渣杂塞拦而引起阻水或倒栏。

（二）方法

1. *放养前准备工作*　3月15日，将鱼沟中水排干至20厘米深，共用生石灰

50千克兑水，对鱼沟及稻田进行清理消毒，重点部位为鱼沟。3月28日耕地整田时，用复合肥料和沼气渣肥做底肥，用NPK（氮磷钾）含量为40%的复合肥25千克/亩、沼气渣肥400千克/亩混合耕施入田，一次施足，头季稻期间不再施追肥，4月16日插秧。

2. 鱼苗投放　5月7日投放鱼苗，此时秧苗已经生根固定，分蘖整齐。芙蓉鲤鲫鱼苗用尼龙袋充氧运输，到达后整袋放入鱼沟中浸泡15分钟左右，然后再加入3倍左右的沟水到袋中，放入0.6%浓度的粗盐，浸洗鱼苗15分钟，使袋中水温与鱼沟中水温差不超过2℃，最后连鱼带水慢慢放入鱼沟中，共投放鱼苗约1 300尾，放养密度约为380尾/亩。

3.日常管理

（1）饵料投喂　前期因鱼苗个体不大，加之饲养密度小，稻田中天然饵料基本可满足其生长需要。每5天在鱼沟中投放有大米加工副产品糠饼碎末，每次200克左右，共投放6次。6月10日起，根据气温情况，每隔5～10天投喂1次糠饼块。在鱼沟的东南和西北2个对角，分别设有1个饵料台，位于水下30厘米左右。糠饼块置于饵料台上，随着糠饼块逐渐被水泡开，一般3～4天吃完。饵料投喂量，随着水温变化和芙蓉鲤鲫摄食需求量的增加而逐步加大。在9月以后，投喂量增幅加大，期间累计投食糠饼量近150千克，具体水温与投食记录见图1、图2。

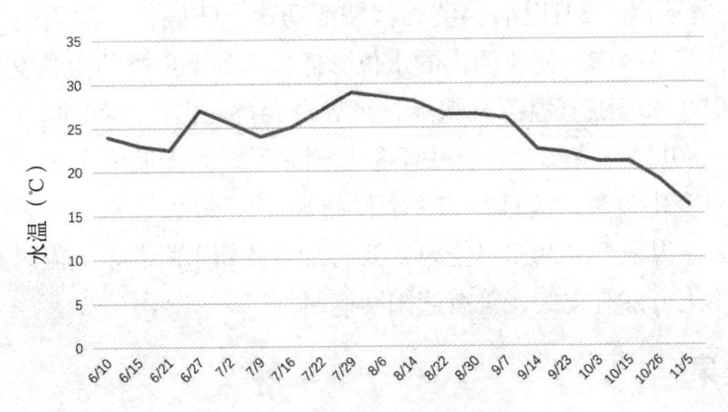

图1　投饵日水温记录

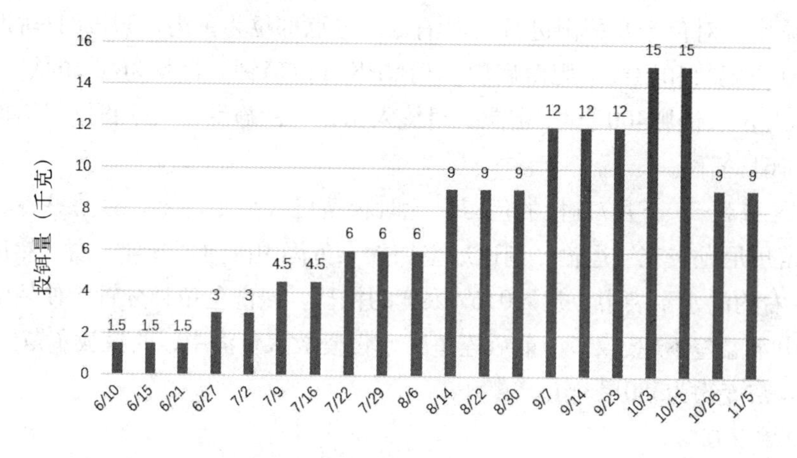

图2　投饵量记录

（2）控施肥药　插秧前，施足底肥，所以头季稻没有再施追肥。再生稻为保证其产量，故在8月12日收割头季稻后，8月16日按尿素3千克/亩、8月22日按16%过磷酸钙6千克/亩，分2次施追肥。施用追肥时，先排浅田水，使鱼集中到鱼沟中，然后再施肥，让肥料沉于田底层，根据水稻和田泥吸收一定量后，9月2日再加水至正常深度。期间使用的农药均为低毒农药，同时，在施药时加深稻田中的水位，尽量减少对鱼的影响。

（3）防暑降温　7月以后，芙蓉鲤鲫活动逐步旺盛，鱼沟周边淤泥容易沉积到鱼沟中，易被堵塞，使鱼沟内的水位降低，不利于鱼类的生长发育。水位过浅，也容易引起水温随气温急升骤降，可导致大批死亡，故期间鱼沟清淤1次，确保水深60～80厘米。在8月12日头季稻收割完后，因无遮阴禾苗，恰逢高温时节，水温水质变化频繁，故每2～3天灌注新水1次，以保证水质的新鲜、爽活。特别是当测到水温上升到30℃以上时，及时加灌注新水降温，高温时不投饵料，同时，在鱼沟上方搭有支架，盖有遮阳网遮阴。

二、结果

（一）收获情况

头季稻平均单产552千克/亩，机收后稻桩上发出的再生稻平均单产201千克/亩，两季稻谷总产753千克/亩，产量同比周边单一水稻模式略减32千克/亩。

11月14日，放水捕鱼，共收获853尾芙蓉鲤鲫。投放鱼苗约1 300尾，成活率为65.6%，收获成鱼总重量182.064千克。稻田总面积3.4亩，平均亩产鱼53.56千克，最大尾重384克，最小尾重63克，收获情况见表1。

表1 芙蓉鲤鲫收获情况

规格（克/尾）	尾数	平均尾重（克）	重量（千克）	尾数百分比（%）	重量百分比（%）
＜150	114	129	14.706	13.36	8.08
150～250	647	218	141.046	75.85	77.47
＞250	92	286	26.312	10.79	14.45
合计	853	213	182.064	100.00	100.00

（二）经济效益分析

稻田养殖过程，稻谷产量有适当减少，但同时通过稻田养鱼，用肥量和用药量投入也减少，稻谷价格按普通种植模式计价，两者收支即可平衡。如果按照绿色甚至有机稻米生产操作规程，稻米价格提升空间极大，在此暂不纳入效益分析序列。

（1）养殖收入　因稻田养殖过程基本为原生态，未投喂全价饲料，商品成鱼的卖相很好，肉质更好，口感更鲜，销售价格明显高于传统池塘养殖的普通鲫鱼。芙蓉鲤鲫成鱼总销售收入3 612元，平均销售价格19.8元/千克，收入1 062元/亩。

（2）养殖支出　主要是鱼苗支出和饵料支出。共投放1 300尾夏花鱼苗，购苗、运输等支出近300元；期间共投饲糠饼150千克，支出近500元；另开挖鱼沟、加固防逃设施、搭建遮阳棚、清淤、搭建饵料台等，折合每年投入500元，日常管理人工不计入成本核算。3.4亩稻田合计投入1 300元，平均支出382元/亩。

效益=收入1 062元/亩－支出382元/亩=680元/亩。

三、讨论与小结

（1）经过实践证明，芙蓉鲤鲫适合在南方丘陵地区稻田养殖的推广。芙蓉鲤鲫食性杂，适应温度能力强，耐肥水、耐低氧，生长快，商品成鱼市场认可度高，养殖效益较好。在不额外增加过多的人力投入、不影响其他务工生产的情况下，采用“稻鱼共生”养殖模式，可有效提高经济收入。投饵可每隔5～10天投放1次，模仿原生态养殖，投饲只做适当的饵料补充，养成的商品鱼有很好的卖点，迎合当前消费趋势，市场潜力很大。特别是当前南方部分省份将“稻田养鱼”这种养殖模式纳入了“精准扶贫”项目序列中，芙蓉鲤鲫在这一模式中有较大的推广空间，同时，也适合当前“种粮大户”的规模化大面积养殖，可以取得更好的规模效益。

（2）“稻田养鱼”应当选择生育期长、繁茂性好、茎秆粗壮的水稻品种，如本文中的超级杂交稻“准两优608”，高温季节更能够有效避免水温随气温的急升骤降而突变。同时，生育期长的品种需要早栽秧，这样芙蓉鲤鲫的夏花鱼苗也可早放养，栽秧后的适合放养时间节点和繁育场供应鱼苗时间的节点，能够无缝对接。另外 “一季稻＋再生稻”是比较理想的种植套养模式，相比双季稻，可减少晚稻翻耕等对鱼的影响，相比单季稻，能够有效延长稻田小生态环境的存续时间，更有利于芙蓉鲤鲫成鱼的生长。

（3）芙蓉鲤鲫稻田养殖过程的投饵以适当补充即可，不建议投放全价鱼饲料，采取投放糠饼。糠饼因在水中是缓慢吸水膨化，投放整块糠饼为佳，一般每隔3～8天投放1次，这样不耗费过多的人工。以此方式养成的芙蓉鲤鲫，生长速度虽不如饲料鱼快，但有较好的市场卖点，肉质更好，味道更鲜美，售价自然更高，投入减少效益自然也不差。

山垅稻田稻鱼生态综合种养技术

2013年，福建省松溪县水产技术推广站在旧县乡东厝村西坑底，进行了200亩山垅稻田稻鱼生态综合种养技术示范。10月15日通过项目测产，取得了亩产水产品22.03千克、稻谷510.64千克的产量，平均亩利润1 260.6元，较稻谷单种利润660.8元/亩提高599.8元/亩，增幅达90.8%，经济效益明显。

一、项目的确定

该示范为福建省水产技术推广总站下达的农业部2013年优势农产品重大技术推广项目——“稻田生态综合种养示范与推广项目”示范点之一。项目确立后，松溪县农业局立即组织水产技术推广站技术人员到示范点进行实地勘察，按稻田生态综合种养技术项目要求，从生态环境、水源水质、交通条件、项目实施单位实力等方面进行了认真筛选。最后，确定旧县乡东厝村西坑底200亩的连片稻田为示范稻田，稻花鱼养殖专业合作社为项目实施单位。责成水产技术推广站为项目承担单位，并负责项目的规划、实施、指导等方面的工作；同时，指定1名高级农艺师负责水稻生产方面的技术指导工作。

二、田间工程建设

工程特点是：用土加高、加固、加宽田埂，开挖鱼沟、鱼溜。鱼沟、鱼溜在水稻插播前完工，并采用遮阳网护坡，防止鱼类放养后，因鱼类活动填埋鱼沟、鱼溜。

1. *鱼溜*　占总田面积的5%左右。根据田块情况，鱼溜多建在田中央或田埂边，开挖方形或圆形鱼溜，深1～1.2米，与中心鱼沟相通，小田块不设鱼溜，只挖鱼沟。

2. *鱼沟*　鱼沟面积占总田面积的3%～5%，沟宽50厘米、深50厘米。鱼沟的形状可根据稻田大小，挖成“十”“日”“田”或“井”字形，并与鱼溜连通。

3. *加高、加固田埂*　用挖鱼沟、鱼溜取出的土，把田埂加高、加宽。田埂加高到30厘米以上、加宽40厘米以上，并锤打结实，以防在大雨时垮埂或漫埂逃鱼。

4. *进排水工程* 进、排水口各开1个，另根据田块大小设溢洪缺口1～3个。进、排水口一般开在稻田的相对两角，进、排水口大小根据稻田排水量而定。进水口要比田面高10厘米左右，排水口要与田面平行或略低一点。鱼溜排水口设在池底，便于鱼类捕捞。根据田块情况，上一块田的排水口可以是下一块田的进水口，实行串联；有条件的稻田，实行进、排水分开，便于捕捞、田间日常管理。

5. *安装拦鱼栅* 稻田进、排水口应当筑坚实、牢固，安装好拦鱼栅，防止鱼逃走和野杂鱼等敌害进入养鱼稻田。拦鱼栅一般可用竹子或铁丝编成网状，其间隔大小以鱼逃不出为准。拦鱼栅要比进、排水口宽30厘米，拦鱼栅的上端要超过田埂10～20厘米，下端嵌入田埂下部硬泥土30厘米。

6. *引虫灯的安装* 6月底安装太阳能引虫灯15套。该灯的设立可以吸引蚊虫，并杀死蚊虫。被杀死的蚊虫掉落到水面，可以增加鱼类的天然饵料，同时，也可以减少水稻病虫害的发生。

三、鱼类的放养

1. *田块消毒* 水产苗种投放前10天，必须对田块进行消毒。每亩用生石灰60～75千克消毒，将生石灰加水溶化，不待冷却即向田、鱼沟、鱼溜中均匀泼洒。

2. *水质培肥* 稻田投放鱼苗前，田水应有一定的肥度，必须在放养前施放基肥，做到“肥水下池”，让鱼苗一下池就可获得量多质优的适口天然饵料，以加快生长，提高成活率。

3. *苗种投放* 5月12日至6月3日，完成水产苗种的投放工作。苗种下田时，使用食盐水浸泡消毒，避免苗种因受伤而发生水霉病；同时，注意水温不得相差超过5℃，防止苗种发生“感冒”，造成死亡。

4. *投放品种* 主养瓯江彩鲤，套养少量福瑞鲤、异育银鲫“中科3号”。瓯江彩鲤规格130尾/千克，其他规格为夏花；放养密度350尾/亩。

四、水稻插播

1. *良种选择* 甬优9号、Y两优302、Y两优646等高产优质品种。

2. *秧苗插播* 6月20日至6月底，完成水稻的插播工作。

五、日常管理

1. *施肥* 根据水质情况，适时补充有机肥，确保水质不会过瘦，影响鱼类生长。水稻杜绝使用化肥、农药，只施有机肥，保证稻谷达到有机大米品质，提高经济效益。整个种养周期，平均使用生物有机肥200千克/亩。

2. *巡逻查看* 日常巡逻查看进、排水渠道畅通情况，进、排水口拦鱼栅破损情况，发现问题及时处置；捕捉水蛇、驱赶鸟类，提高鱼类成活率。

六、结果

2013年10月15日，进行了鱼类和水稻的测产工作，结果如下：

1. *水产品* 平均亩产22.03千克，平均规格72.9克/尾，成活率90.02%。

2. *稻谷* 平均亩产510.64千克，较水稻单种534.92千克，减少24.28千克。

3. *亩生产成本* 劳动用工费1 000元、稻种费50元、有机肥费360元、水产苗种费200元、田租费400元、设备设施改造费1 000元、产品加工费600元、产品销售费200元、其他开支100元，总计3 910元。

4. *亩产值* 水产品：22.03千克×40元/千克=881.2元；稻谷：510.64千克×8.4元/千克=4 289.4元。

5. *亩利润* 水产品产值881.2元+水稻产值4 289.4元－种养成本3 910元=1 260.6元。

6. *亩水稻单种利润* 成本：稻种费50元、化肥费300元、农药费30元、租赁费300元，计730元；产值534.92千克×2.6元/千克=1 390.8元；利润：1 390.8元－730元=660.8元。

七、分析与讨论

1. *关于水产品产量* 鱼类平均亩产22.03千克，因养殖周期仅5个月，且没有投喂任何的饲料、饵料；理论上，若适当增加饲料投喂和延长养殖周期，理论亩产量可达50千克以上。

2. *关于综合种养模式* 如果扩大项目规模，可发展稻蟹、稻虾生态综合种养模式，进一步调整种养品种结构，实现更好的经济、社会效益。

3. *关于经济效益的提升* 本项目一经实施，就按生产有机大米的发展方向执行，整个种养周期没有使用任何化肥、农药，只施用生物有机肥，水稻产品品质得到很好的提升。稻花鱼养殖专业合作社已经对水稻进行有机认证提出申请，生产的大米按小量、真空、精包装销售，通过“稻花鱼”商标的申请注册，形成稻花鱼大米品牌，发展成有机大米产业链，将进一步提高该项目的经济效益。

因此，稻田生态综合种养项目，水稻走有机等高端大米生产之路，是提升项目经济、社会效益的有效、可行的途径之一。

4. *推广前景展望* 稻田生态综合种养项目，是在不改变种粮模式、不减少粮食产量的前提下，把水产养殖业和种植业紧密结合起来，将稻鱼共生等传统的生态种养技术推广到平原粮食主产区，不仅可以提高土地利用率、有效促进农民增收，而且在大幅降低农业面源污染（农田、鱼塘）的同时，还能有效保证粮食和水产品质量安全，提高农产品品质。通过项目示范，农民得到实实在在的实惠，其推广前景已经被看好。

荒草圩稻虾连作生态高效技术

安徽省作为农业部《稻田综合种养新型模式与技术示范与推广》的实施单位之一，积极开展了水稻小龙虾连作养殖试验示范。通过建立省级示范点，进行养殖示范试验，确定科学合理的稻田改造参数、探索稻虾综合种养模式下适宜的小龙虾放养密度，建立茬口衔接水稻和小龙虾日常管理、防逃、病虫害防治以及水稻收割与小龙虾捕捞等技术。目前已形成一套比较成熟规范的稻虾连作模式，取得了显著的经济和生态效益。本文是2011—2012年在荒草圩进行稻虾连作生态高效技术的经验总结。

一、稻田选择

选择水质良好、周围没有污染源、保水能力较强、排灌方便、不受洪水淹没的田块进行稻田养虾。稻田土质肥沃，以黏土和壤土为好，面积以3 000～10 000米^{2}为宜。稻虾连作养殖示范基地试验田，共实施36.9公顷、12口，试验田编号为1、2、3……12号；对照组稻田共实施9.5公顷、12口，对照田编号为D1、D2、D3……D12号。

二、稻田改造

一般采用沿稻田四周开挖“U形边沟”+稻田中间“十字沟”，对稻田进行基础设施改造。

1. 田埂　田埂面宽3米以上，田埂高0.8米，确保可蓄水0.3米以上。在离田埂1米处，每隔3毫米打一处1.5米高的桩，用毛竹架设，在田埂边种瓜、豆、葫芦等，待藤蔓上架后，在炎热的夏季起到遮阴避暑的作用。

2. 进、排水设施　进、排水口宜设在稻田的斜对角，用PVC水管埋好进水和出水管，夯实田埂，并在进、排水口安装拦鱼栅，进水口用60～80目的聚乙烯网布包扎；排水口处平坦且略低于田块其他部位，排水口设一拦水阀门，方便排水；排水口处要设有聚乙烯网拦，网孔大小以不阻水、不逃鱼为度，做到能排能灌。

3. 虾沟与田间沟　四周沟和田间沟的开挖，依据稻田放养小龙虾的规格、数量及设计的产量来确定。在水稻插秧前，沿稻田田埂内侧四周要开挖U形养虾沟，沟宽0.5米、深0.8米，便于水稻机械化收割和烤田；田块面积较大的，还要在田中间开挖田间沟，田间沟宽0.3米、深0.5米。养虾沟和田间沟面积占稻田总面积的5%～10%。

在养虾沟和田间沟里要移栽水草，如伊乐藻、苦草、轮叶黑藻、金鱼藻等沉水性植物，水草覆盖面以30%为宜，且以零星、分散为好，这样有利于虾沟内水流畅通无阻塞。

4. *防逃设施*　稻田养殖小龙虾成功与否的关键之一是，能否做好防逃工作。参照河蟹的防逃设施，在稻田四周用塑料薄膜、水泥板、石棉瓦或钙塑板建防逃墙，以防小龙虾逃逸。

三、虾种与水稻品种

1. *虾种选择*　种虾可来源于人工繁殖或野生，外购虾种应经检疫合格。种虾可在每年9～10月选择，要求体重30～50克，附肢齐全，健康无病，活动力强，雌、雄比例为（2～3）：1。

种虾必须是用地笼从水体中直接捕捞、装箱运输到达稻田的，小龙虾商贩几经转手的一律不能放养。

2. *水稻品种选择*　选用单季稻。水稻品种选择以水稻生育期短、茎秆粗壮、株形中偏上、耐肥、抗病抗虫抗倒伏且高产稳产的优质丰产水稻品种为宜，本试验选择适宜全椒荒草圩的南粳5055水稻品种。插播时适当密植，采取机插机收。插秧前用足底肥，少施追肥。

四、小龙虾种虾放养

在稻谷收割后的9月下旬，将种虾直接投放在稻田内，让其自行繁殖。根据稻田养殖的实际情况，一般每亩放养个体在30～50克/只的小龙虾20千克，雌、雄性比为（2～3）：1。在晴天早晨或阴雨天放养，放养时将种虾连盆移至田水中，缓缓将盆倾斜，让小龙虾自行爬出，不能自行爬出的取出不用。

五、种养管理

1. *水稻秧苗栽插*　水稻种植适时栽插，一般插秧期在5月中下旬至6月中旬。插秧做到合理密植，在虾沟和田间沟四周增加栽秧密度。栽插规格要求，亩插13 000～15 000穴，一般采取机插。插秧前用足底肥，以有机肥为主，少施追肥。稻秧插播后，尽可能不使用农药，确保小龙虾安全。

2. *茬口安排* 稻虾连作模式：在稻谷收割后的9月下旬，将种虾直接投放在稻田内，让其自行繁殖，不需另外投放苗种，将小龙虾养殖至翌年的5~6月上旬起捕上市；单独选择秧苗培育田块，5月10日开始育秧苗，35日秧龄，6月15日至6月20日插秧。水稻到9月中下旬成熟，及时收割，进行下一轮稻虾连作。

3. *种养管理*

（1）水质管理 小龙虾虽然对恶劣环境的适应性较强，但水质清新、DO充足的水域里更适合小龙虾栖息生长。因此，要求水质DO在3毫克/升以上，pH7~8，透明度保持在30厘米左右，氨氮含量0.05毫克/升以下，亚硝酸氮0.06毫克/升以下。每半个月泼洒1次生石灰调节水质，每亩水面10~15千克。

小龙虾越冬前（即9~11月）的稻田水位应控制在30厘米左右；小龙虾在越冬期间，可适当提高水位，应控制在40~50厘米；越冬以后，控制在30厘米左右；进入4月中旬以后，将水位逐渐提高至50~60厘米。

（2）饲养管理 稻田养虾一般不要求投喂，在小龙虾的生长旺季可适当投喂一些动物性饲料，如锤碎的螺、蚌及屠宰厂的下脚料等。日投喂量按虾体重的6%~8%安排。大批虾蜕壳时不要冲水，不要干扰，蜕壳后增喂优质动物性饲料。

（3）稻田施肥 稻田养殖小龙虾基肥要足，应以施腐熟的有机肥为主，在插秧前1次施入耕作层内，达到肥力持久长效的目的。追肥一般每月1次，尿素5千克/亩，复合肥10千克/亩，或施有机肥，禁用对小龙虾有害的化肥如氨水和碳酸氢铵。施追肥时最好先排浅田水，让虾集中到环沟、田间沟之中，然后施肥，使化肥迅速沉积于底层田泥中，并为田泥和水稻吸收，随即加深田水至正常深度。

（4）日常管理 每天早、晚坚持巡田，观察沟内水色变化和虾活动、吃食、生长情况。田间管理主要集中在水稻晒田、用药和防逃防害方面。

（5）烤田 稻谷晒田宜轻烤，不能完全将田水排干。水位降低到田面露出即可，而且时间要短，发现小龙虾有异常反应时，则要立即注水。

烤田时，需将水缓缓流出，使小龙虾大多数游到沟内，保持沟水位30厘米以上，并加强水质管理，注意水质过浓或温度过高造成小龙虾病害。拷田后要及时灌水，使小龙虾能及时恢复生长。

（6）安装频振杀虫灯 本试验在荒草圩稻虾连作田块中（300公顷）安装2台太阳能频振杀虫灯，既可诱杀害虫，又可为小龙虾提供动物性饵料，并能减少农药的使用。

4. 水稻和小龙虾的收获

（1）水稻收割　水稻一般于10月下旬至11月上旬收割，提倡机械化操作，收割机从U形沟的开口处（田块与田埂相连）开入稻田中。

（2）小龙虾的收获　由于小龙虾喜欢生长在杂草丛中，加上小龙虾池底不可能平坦，小龙虾又具有打洞的习性。因此，根据小龙虾的生物学特性，采用以下几种捕捞方法：

①地笼网捕捞：把捕捞小龙虾的网做成地笼。每只地笼长20～30米、10～20个方形的格子，每只格子间隔地两面带倒刺，笼子上方织有遮挡网，地笼的两头分别圈为圆形。地笼网以有结网为好。

每天上午或下午把地笼放到虾塘的边上，里面放进腥味较浓的鱼、鸡肠等物作诱饵。傍晚时分，小龙虾出来寻食时，闻到异味，寻味而至，撞到笼子上，笼子上方有网挡着，爬不上去，便四处找入口，钻进了笼子。进了笼子的小龙虾滑向笼子深处，成为笼中之虾。

②手抄网捕捞：把虾网上方扎成四方形，下面留有带倒刺锥状的漏斗，沿虾塘边沿地带或水草丛生处，不断地用杆子赶，虾进入四方形抄网中，提起网，小龙虾也就捕到了。这种捕捞法，适宜用在小龙虾密集的地方。

③干池捕捉：抽干虾沟里的水，小龙虾便呈现在沟底，用人工手拣的方式，可以将剩余的小龙虾捕捉起来。

六、结果与效益分析

2012年，根据小龙虾起捕销售和水稻收割销售的统计数据计算。结果如下（表1、表2）：对照组稻田共实施9.5公顷。生产水稻6.89万千克，产值18.58万元，利润6.77万元。水稻每亩产485千克，产值1 309元，生产成本832元，利润为476.8元，投入产出比为1∶1.6。

而稻虾连作养殖示范基地试验田共实施36.9公顷。生产小龙虾5.05万千克，小龙虾产值121.14万元；生产水稻30.02万千克，水稻产值81.04万元；小龙虾与水稻合计总产值202.18万元，总利润97.58万元。每亩放养规格40克/只以上的种虾25～35千克，小龙虾每亩产量变动范围为65～128千克，平均为91.1千克；每亩产值变动范围3 012～4 600元，平均为3 649.5元；每亩生产成本变动范围为1 850～1 950元，平均为1 888.6元；每亩利润变动范围为1 162～2 650元，平均为1 761.4元；投入产出比变动范围为1∶（1.6～2.4），平均为1∶1.9。利润是

表1　2012年荒草圩稻虾连作生态高效技术试验效益分析（对照田）

对照田编号	水稻面积（亩）	水稻亩产量（千克）	水稻总产量（万千克）	水稻亩产值（元）	水稻总产值（万元）	水稻亩成本（元）	水稻总成本（万元）	水稻亩均利润（元）	水稻总利润（万元）	投入产出比
D1	10	506	0.51	1 366.2	1.37	850	0.85	516.2	0.52	1.6
D2	15	490	0.74	1 323	1.98	820	1.23	503	0.75	1.6
D3	25	483	1.21	1 304.1	3.26	830	2.08	474.1	1.19	1.6
D4	8	492	0.39	1 328.4	1.06	840	0.67	488.4	0.39	1.6
D5	12	475	0.57	1 282.5	1.54	830	0.99	452.5	0.54	1.5
D6	15	487	0.73	1 314.9	1.97	840	1.26	474.9	0.71	1.6
D7	5	485	0.24	1 309.5	0.65	820	0.41	489.5	0.24	1.6
D8	12	496	0.59	1 339.2	1.61	830	0.99	509.2	0.61	1.6
D9	10	475	0.48	1 282.5	1.28	825	0.83	457.5	0.46	1.6
D10	12	468	0.56	1 263.6	1.52	835	1	428.6	0.51	1.5
D11	8	478	0.38	1 290.6	1.03	830	0.66	460.6	0.37	1.6
D12	10	486	0.49	1 312.2	1.31	836	0.84	476.2	0.48	1.6
合计	142	485	6.89	1 309	18.58	832	11.81	476.8	6.77	1.6

表2　2012年荒草圩稻虾连作生态高效技术试验效益分析（试验田）

试验田编号	稻虾连作面积（亩）	小龙虾投放收获情况					水稻情况				小龙虾加水稻投入收入情况						
		种虾放养量（千克/亩）	小龙虾亩产量（千克）	小龙虾总产量（千克）	小龙虾亩产值（元）	小龙虾总产值（万元）	水稻亩产量（千克）	水稻总产量（万千克）	水稻亩产值（元）	水稻总产值（万元）	亩产值（元）	总产值（万元）	亩成本（元）	总成本（万元）	亩利润（元）	总利润（万元）	投入产出比
1	50	35	128	6 400	3 072	15.36	566	2.83	1 528	7.64	4 600	23	1 950	9.75	2 650	13.25	2.4
2	80	30	85	6 800	2 040	16.32	540	4.32	1 458	11.66	3 498	27.98	1 910	15.28	1 588	12.7	1.8
3	100	30	89	8 900	2 136	21.36	553	5.53	1 493	14.93	3 629	36.29	1 920	19.2	1 709	17.09	1.9
4	25	25	76	1 900	1 824	4.56	542	1.36	1 463	3.66	3 287	8.22	1 860	4.65	1 427	3.57	1.8
5	30	30	108	3 240	2 592	7.78	520	1.56	1 404	4.21	3 996	11.99	1 920	5.76	2 076	6.23	2.1
6	60	25	95	5 700	2 280	13.68	537	3.22	1 449	8.69	3 729	22.37	1 860	11.16	1 869	11.21	2
7	14	32	115	1 610	2 760	3.86	542	0.76	1 463	2.05	4 223	5.91	1 930	2.7	2 293	3.21	2.2
8	45	25	86	3 870	2 064	9.29	547	2.46	1 476	6.64	3 540	15.93	1 850	8.33	1 690	7.61	1.9
9	40	26	90	3 600	2 160	8.64	525	2.1	1 417	5.67	3 577	14.31	1 860	7.44	1 717	6.87	1.9
10	45	25	80	3 600	1 920	8.64	528	2.38	1 425	6.41	3 345	15.05	1 850	8.33	1 495	6.73	1.8
11	30	25	65	1 950	1 560	4.68	538	1.61	1 452	4.36	3 012	9.04	1 850	5.55	1 162	3.49	1.6
12	35	25	83	2 905	1 992	6.97	542	1.89	1 463	5.12	3 455	12.09	1 850	6.48	1 605	5.62	1.9
合计	554		91.1	50 475	2 186.6	121.14	541.9	30.02	1 462.8	81.04	3 649.5	202.18	1 888.6	104.63	1 761.4	97.58	

单纯种水稻利润的2.4～5.6倍。

稻虾连作水稻平均每亩产量541.9千克，比对照田净增加56.9千克，提高11.73%；平均每亩利润1 761.4元，比对照田净增加1 284.6元，利润提高269.42%，经济效益非常显著。

为便于比较，稻虾连作和对照稻田的水稻干稻谷销售价格均按2.7元/千克计算，实际销售时因稻虾连作的米质优，仅使用康宽1～2次，比对照田稻谷高出很多。

七、讨论与小结

1. *稻虾连作是生态环保、高产高效的模式* 水稻、小龙虾连作模式，是指在水稻田里通过不同时间序列的安排，在同一块稻田内利用小龙虾与水稻主要生长季节的差异，当年的10月至翌年的5月养殖小龙虾，5月底至10月种植水稻，实行水稻、小龙虾连作，以取得生态环保、高产高效的模式。这种模式实现了“适宜水稻生长季节稻田种稻，水稻空闲季节稻田灌水养殖小龙虾，小龙虾粪便为水稻翌年生产增加有机肥，水稻与小龙虾通过不同时间序列对同一稻田实行充分利用”的效果，是一种把种植业和水产养殖业有机结合起来的立体生态农业生产方式，它符合资源节约、环境友好、循环高效的农业经济发展要求。

2. *U形沟效果显著* 本试验在稻田四周开挖U形沟，很好地解决了水稻机械化收割的问题。水稻一般于10月下旬至11月上旬收割，机械化操作，收割机从U形沟的开口处（田块与田埂相连）开入稻田中，进行水稻的收割。完成作业后，收割机再从U形沟的开口处开出稻田。

3. *掌握放养季节和做好防逃设施* 很多养殖户对小龙虾的生活习性不了解，没有掌握放养季节和做好防逃设施，结果导致养殖失败。小龙虾种虾放养时间应为第一年秋季（9～10月），每亩放养15～20千克。小龙虾还具有掘穴、逃逸的习性，稻田四周使用塑料薄膜、塑料板、网片等防逃设施。

4. *清新水质是小龙虾养殖成功的关键* 因小龙虾能生活于有机质污染较严重的水体中，误认为小龙虾能生活在发黑、发臭的水体中，其实清新水质是小龙虾养殖成功的关键。一般溶氧量比较低的水体中，小龙虾爬上水草、塘沟边不食不动，影响生长，更有甚者引起成批逃跑和死亡。如投喂屠宰场的下脚料过量，引起水质发黑、发臭，便会引起死亡。所以在养殖过程中，应像管理虾塘一样，见到小龙虾爬边后即换水。每天检查田埂和进、排水闸周围是否有漏洞，拦鱼网是否有损坏，防逃、防天敌入侵。

稻田养殖南美白对虾技术

南美白对虾虾苗经淡化处理后，可在淡水中养殖。稻田养殖南美白对虾投资少、见效快、收益大，可充分利用稻田资源，提高稻田生态效益和经济效益，是振兴农村经济、引导农民致富奔小康的一条重要途径。现将江苏大丰的稻田养殖南美白对虾技术介绍如下。

一、稻田的选择

选择水源充足、水质良好、无污染、排灌容易、管理方便的稻田。面积以2～5亩为宜，底质以保水性能较好的沙壤土为佳。

二、田间工程建设

（一）稻田整修

稻田修整，包括环沟、田间沟和田埂。环沟是对虾活动的主要场所，春耕时，在离田埂内侧基部1.0～1.2米处开挖，沟宽60厘米、深50厘米；田间沟与环沟和田坂相连，视田块大小挖成“十”或“井”字沟，沟宽40厘米、深50厘米，在开挖环沟的同时，利用土方加高田埂，使田埂高出田坂80厘米，以保证稻田蓄大水时田坂水深60～70厘米，环沟水深1.1～1.2米，做到大水虾漫游，小水虾入沟；田埂顶宽30厘米，田埂内坡覆盖地膜，以防龟裂、渗漏、滑坡。

（二）水道整改

养虾稻田要有独立的进、排水系统，进、排水口要对角设置，加注新水，有利于田水的充分交换。进水口安装60目的筛绢过滤袋，以阻止野杂鱼、蛙卵、蝌蚪等敌害生物混入。排水口安装拦虾栅，拦虾栅为密眼铁丝网制成的80厘米×60厘米的长方形栅框，上端高出田埂10厘米，其余三边各嵌入田埂10厘米。

（三）稻田围栏

围栏的目的是防止蛇、蛙等敌害生物入侵。具体方法是：在田埂顶部每隔1.5～2.0米钉一直立的木桩，沿木桩围栏一道直立的塑料薄膜，薄膜上端绑扎固定在木桩上，下端紧贴埂面并用泥块压实盖严，薄膜墙高度为60～80厘米。

三、水稻栽插

选用生长期长、秆硬、耐肥、抗倒伏、抗病害的良种。插秧前在稻田翻耕时，按200千克/亩施足有机肥。种苗在移插前2天，喷施1次高效低毒农药。插秧时采取宽窄行密植，每亩约2.5万丛左右。宽窄行通风透光好，有利于虾、稻生长。

四、放苗前的准备

（一）稻田消毒

虾苗放养前10天左右，每亩稻田用生石灰50～75千克或漂白粉5千克，加水搅拌后均匀泼洒。

（二）种植水草

在环沟内移植一定面积水花生、轮叶黑藻、苦草等作为隐蔽物，一为虾类提供栖息场所，二有利于调节水质。水草覆盖面占环沟面积的1/2。

（三）培育水体

在放苗前3～5天，每亩稻田施发酵猪粪200～300千克，以培育丰富的浮游动物，为虾苗下田提供天然饵料。

五、虾苗的放养

（一）虾苗的选择

虾苗质量优劣关系到养殖成功与否。应选择大小均匀、弹跳灵活、体表无脏物、无损伤、腹节长形、肌肉饱满、逆水能力强的优质虾苗。稻田养殖应选择体长1.0～1.5厘米的大规格苗。

（二）虾苗的淡化

南美白对虾是在比重为1.018～1.022海水中孵化培育的。虾苗必须先进行淡化处理后，才能移到淡水水域养殖。淡化时间要在1周以上，育苗池的盐度要降低到2～3时方可出池放养。

（三）虾苗的运输

采用尼龙袋充氧方法运输既方便又安全。一般70厘米×40厘米的尼龙袋装运5 000～10 000尾，运输时间在10小时以内是安全的。

（四）放养密度

可根据稻田环境、水源条件、管理水平及计划产量而定。计划亩产10千克的成虾，每亩可放苗5 000～6 000尾；亩产15千克的，放苗8 000～10 000尾；亩产20千克的，放苗12 000～15 000尾。

（五）注意事项

放苗时盐度差要小于3，温差要小于2℃。否则，虾苗成活率低。若放苗时发现温度、盐度相差大，可临时采取渐变法处理，即逐个解开尼龙袋口，逐渐添加田水，加水量为原袋水量的1/2，加水后扎紧袋口，并让其浮浸于稻田环沟水中，20～30分钟后再放苗。放苗应选在晴天的上午或傍晚进行，切忌在晴天晌午或雨天放苗。

六、饲养管理

（一）饲料投喂

虾苗下田初期，除保持水的肥度培养天然饵料外，还应投喂对虾专用微囊饲料。日投饵量为虾体重的15%～20%，日投喂2次，8：00和16：00。初期虾小游泳能力差，微囊饲料应沿环沟边均匀撒投；中、后期投喂对虾0号或1号料，日投饵量为虾体重的5%～15%；随着虾体长大、觅食力的提高，中、后期应设饲料台，一般每亩稻田设2个。

（二）日常管理

一是坚持每天巡田，检查田埂、出水口铁丝网是否牢固，观察水色变化和虾的活动情况。发现蝌蚪、水蜈蚣等敌害生物，用抄网进行人工捞除。二是在水稻防治病虫害时，应尽量使用高效低毒农药，并严格控制在安全用量内。施药时，喷嘴应横向或朝上，尽量把药喷在稻叶上。粉剂应在早晨有露水时喷施，液剂应在露水干后喷施，切忌雨前喷药。三是水质管理。初期，灌注浅水以扶苗活棵，分蘖后期水位加高，控制无效分蘖，有利虾苗生长。高温季节，每隔5～7天换注1次新水，每次换水量为20%。四是在养殖期间，每隔20天用茶籽饼10～15毫克/升浸泡后均匀泼洒，既可杀死野杂鱼类，又可促进虾蜕壳，加快生长。

七、病害防治

虾的病害防治，应坚持“预防为主、综合防治”。在整个养殖期间应定期进行水体消毒。一般放苗1个月后消毒1次，以后每半个月消毒1次。常用消毒药物有漂白粉、生石灰、二氧化氯、二氯海因等，应视水质情况选用。施用生石灰可增加水体钙质，有利于虾的蜕壳、生长。但经常泼洒生石灰，会导致水体pH过高，对虾类生长不利，应提倡几种药物交替使用。养殖后期水质过浓时，可泼洒

0.5毫克/升的络合铜进行抑藻杀菌，泼药6小时后要加注1次新水。稻田养殖南美白对虾，主要病害有红腿病和白体病两种。

1. 红腿病　初期，病虾游泳足等附肢会变红，继而鳃区发黄。此病主要是水质恶化引起，病情较轻时，及时进行水质消毒和改良，病情会恢复正常。但病情严重出现死虾时，应采用药物进行体外消毒，并结合内服药饵治疗。体外消毒：①水体泼洒二氧化氯1毫克/升，隔天下药，连续2次；②泼洒二氯海因0.2毫克/升，隔天下药，连续2次；③水体泼洒二溴海因0.15毫克/升，隔天下药，连续2次。内服：在每千克饲料中添加10克蒜泥，每天喂2次，连续3～5天。

2. 白体病　初期病虾肌肉出现点状白斑，随着病情发展，白斑不断扩大，严重时整个虾体变白。此病主要是水环境恶化、溶解氧下降或水温、盐度、pH等发生突变所致。及时改善水环境，一般会恢复正常。

八、捕捞

水稻收割后，当虾体长到30～40尾/千克时即可捕捞收获。捕捞时先将稻田水位排低，使虾集中环沟后用夏花鱼网捕捞，最后排干田水使用抄网抄捕。

幼蟹培育池蟹稻共生技术

安徽宣城宣州区是传统的“鱼米之乡”，2010年被评为“中国幼蟹之乡”，幼蟹产量10亿只，占全国总量的1/10。目前，全区幼蟹生态培育面积4.5万亩，为提高养殖经济效益，保障食品安全，组织开展幼蟹培育池“蟹稻共生”技术研究工作。

一、条件

（一）池塘改造

地点位于水阳镇新珠村金新河蟹苗种专业合作社500亩幼蟹培育池，水源来自水阳江，池塘水源充足，排水方便，土质为黏土。池中设有滩面，深80厘米，占池塘面积的1/3，需将滩面平整，用于栽种水稻；沟深1.5米，占池塘面积的2/3，供幼蟹日常活动、隐蔽蜕壳、高温避暑和防早熟。池埂坡度1：2.5，埂段四周铺上40目网片，进、出水口套上80目过滤网片。大眼幼体放养前1个月，每亩用75～100千克的生石灰消毒。全池在清塘消毒后，曝晒直至塘底皲裂，塘口进水前应施足基肥，每亩可施放发酵腐热的有机肥200～300千克用于肥水。

（二）微孔管道增氧

每亩配0.2千瓦的增氧机。池底铺设内径1.5厘米、管身布满微孔的纳米软管，用石块重物固定不让其上浮。软管离池底10厘米，管距10～15米，每条软管两端与空氧增氧出口相连。

（三）稻种选择武运埂23号

大眼幼体为合作社与江苏射阳蟹苗繁殖场合作育苗生产的。

（四）水草种植

水草主要以水花生为主，种植在池塘四周的沟中，占水体面积的40%。入池前，用1 000克/米^{3}的生石灰水浸泡5小时消毒；6月起池塘配有浮萍，占水草总量的1/5。

二、方法

（一）水稻种植

由专人育秧后，点播在池中平板上，采取“大垄双行”的方法，株距和行距为30厘米×25厘米。

（二）大眼幼体投放

5月18日投放大眼幼体，每亩投放大眼幼体1.6千克。

（三）日常管理

1. 营养管理　投饵采取抓两头、带中间——“精、粗、荤”。大眼幼体放养前4～6天，用生物肥料和EM菌（芽孢杆菌）培育水质。对照组只用生物肥料，要求水质肥度适宜，富含大眼幼体喜食的天然活饵料。

（1）精　Ⅰ期仔蟹要求投喂饵料要精，以新鲜煮熟的鱼糜和精饲料为主。日投喂量为蟹体重的100%，每天分早、中、晚3次投喂。Ⅲ期仔蟹后，日投喂量为蟹体重的20%。

（2）粗　进入7月后，为降低性早熟比例，饵料以小麦、豆粕、麦麸、南瓜等植物性粗饲料为主。夏秋季节，可隔1～2天投喂1次，投喂饵料应遵循“四定”原则，即定时、定量、定质、定位，以当天吃完而无剩饵料为宜。

（3）荤　幼蟹越冬前应强化投喂，饵料以高蛋白的配合饲料为主，保证幼蟹顺利过冬。试验组定期在饲料中添加EM菌等微生物制剂，以增强幼蟹的体质和抗病能力。

2. 水质管理　水稻种植前，水位40厘米，此时中间板上无水；大眼幼体刚下塘至仔蟹Ⅴ期阶段，水深控制在40～60厘米，不换水只加水，水质的理化指标达到pH7.5～8.0，透明度0.4米，溶氧在5毫克/升以上。进入Ⅴ期仔蟹后，应将水位提高到0.8米；进入高温季节，水深加到1.2米左右。

3. 病害防治　大眼幼体成仔蟹后，每隔15天用消毒剂对水体消毒1次。定期泼洒生石灰水，亩用生石灰15千克，每15天使用芽孢杆菌、EM菌改良水质。幼蟹越冬前用药物对纤毛虫防治1次，使幼蟹安全越冬。

4. 日常管理　坚持早晚要巡塘，观察水色变化，检查幼蟹吃食情况。及时调节水质，平常注重清除蟾蜍、老鼠等敌害，做好记录，结合各项管理措施，判断幼蟹生长状况，及时调整和改正管理措施。

5. 增氧机使用　大眼幼体下塘后开始使用纳米管增氧，根据天气和幼蟹活动情况适时开动增氧机。开机时间：5：00～7：00，开机2小时；中午开机1小时；此外，气压降低阴天、下雨时、半夜开机4小时。

三、结果

（1）幼蟹从当年5月18日放苗开始养殖，翌年1月15日开始捕捞；水稻自5月4日开始栽种，10月11日收割。500亩共收获幼蟹87 548千克，平均规格达168只/千克；因水稻只种植在池中的平板上，所以种植面积按500亩的1/3算，即150亩，生产水稻50 550千克，亩产量达337千克，打成米共34 267千克，亩产228千克；500亩蟹种池种稻产值达617.9万元，亩均产值为1.24万元（表1）。

表1　蟹种池种稻收获

品种	总重量（千克）	平均亩产（千克）	平均规格（只/千克）	单价（元/千克）	金额（万元）
幼蟹	87 549	175	168	64	560
水稻	50 550	337			
（大米）	32 167	215		18	57.9
合 计					617.9

（2）从表2、表3中可以看到，500亩蟹种池种稻成本大约在177.5万元，经分析总利润达440.4万元，亩利润0.88万元。在蟹种池种稻后，水稻栽培不施肥、不烤田、不用农药，其大米品质好，均为优质米，价格也高，市场价达18元/千克，亩均增效超0.12万元。

表2　养殖成本（万元）

序号	项　　目	数　　量	金 额（万元）
1	塘口改造（含进排水）	500亩	10.5
2	土地租金	500亩	20
3	河蟹苗种	900千克	29.6
4	饵料	500亩	52.6
5	水电	500亩	10.4
6	人员工资	500亩	34.6
7	水质管理、药品费用等	500亩	10.4
8	水稻种植	150亩	6.4
9	其他	500亩	3
合 计			177.5

表3　养殖效益（万元）

成本		产值		效益		
总成本	亩均	总产值	亩均	总效益	亩均	亩均新增
177.5	0.36	617.9	1.24	440.4	0.88	0.12

四、分析和讨论

（1）可以看出，蟹种池中种植水稻，在每亩种植3分水稻的情况下，完全不影响幼蟹的生长，同时，对幼蟹培育有一定的好处。主要是因为水稻部分替代了水草的作用，在夏季高温季节，起到了遮阴、降低水温的作用，降低了幼蟹的性早熟比例。

(2) 水稻的品质、栽种时间、水位和模式需严格要求。由于时间限制，所以只能选粳稻，且粳稻品质需抗倒、抗虫；水稻栽种时间必须在大眼幼体下塘前，否则很容易被幼蟹夹断水稻；同时，5月水位需低于中间栽种水稻的坂面，同样也起到保护水稻的作用；采取大垄双行的栽种模式，改善了通风条件、增加了照度、降低了相对湿度，稻瘟病发病率明显降低。

(3) 在蟹种池种稻中不施肥，水稻的营养主要来自于幼蟹培育过程中产生的粪便；不洒药，虫害主要靠生物控制；因此，生产的米属于有机米，市场价格高，实现了水稻和水产品共生互利的综合效益，实现了“一池两用、一举多得、一季多收”的生态渔业发展模式。

稻田蟹种培育技术

一、稻蟹共生模式概述与优点

（一）概述

我国稻田养鱼历史悠久，但在稻田中养鱼，效益不是很高，仅在河川、湖泊、池塘较少的山区利用稻田养鱼，以弥补“吃鱼难”的缺陷。近几年，水产科技工作者根据稻田养鱼理论，研究并推广了稻田育蟹种新技术，该技术利用稻田生态环境，创新了“稻蟹共生”理论，通过“稻渔工程”建设，合理安排与调整稻田平面与立体布局，促进种植、养殖等农业生产活动与生态环境协调发展，达到“用地不占地、用水不占水”“一地两用、一水两用、一季双收”的效果，实现粮增产、蟹增收，实现三个效益的兼容与统一，是生态循环农业的成功模式。

（二）优点

1. *省地、省工*　稻田育蟹种是综合利用稻田空间，进行立体种养。它既可减少占用土地开挖蟹池、节约耕地，又能稳定粮食种植面积，更能提高农业综合经济效益。稻田育蟹种工程建设，使稻田的进排水渠、田埂等得到永久性修固，不再每年护理田埂；蟹的觅食活动疏松泥土，改善土壤物理结构，可以免耕；蟹种吃掉了稻田中杂草，不需要人工薅秧除草。

2. *节肥、少药*　蟹种在稻田中活动和排出的粪便，可起到保田造肥作用，有利于秧苗有效分蘖增多和谷粒饱满，所以育蟹种稻田不施或少施化肥，稻谷同样能增产。同时，蟹种能吞食水稻的害虫，还可吃掉多余的“稻脚叶”，可使稻田通风、透光性增强，增加溶氧，提高水稻的抗病虫害能力，稻田育蟹种可大量减少使用农药的成本。

3. *增产、高效*　育蟹种稻田虽然因开挖蟹沟占用少量面积（一般占稻田面积的5%～10%），但由于在稻田内培育蟹种，使土壤肥力提高，杂草减少，蟹沟使水稻产生边行优势，透光性增强，稻田水温升高，有利于水稻的分蘖，能使水稻产量增加5%～10%。由于稻田育蟹种是一家一户经营，农民增收具有可操作性和普遍性。据测算，1公顷农田稻、麦双茬，纯收入也就1.5万元左右；通过育蟹种，每公顷产稻谷5 000千克、产蟹种2 250～3 000千克，正常纯收入达6万元以上，高的达15万元以上。

4. 灭虫、环保　河蟹为杂食性动物，除摄食水草、浮萍、草种等植物外，更喜食鱼、虾、螺蛳、蠕虫、昆虫等动物性饵料，通过育蟹种，稻田里对人类有害的病原生物（如血吸虫、丝虫、蚊子幼虫等）基本绝迹。稻田育蟹种后，水稻的病虫害明显下降，育蟹种稻田一般不需要施农药，可减少农药残留造成对环境的污染和稻谷中的农药残毒。

二、蟹种培育的关键技术

（一）稻田选择与准备

1. 基础设施建设　育蟹种稻田需交通便利，能灌能排，保水保肥能力强，土质以黏土或壤土为好。特别要求水源充足，水质良好，不受任何污染。田块面积不限，1 300～6 000米^{2}均可。育蟹种田块，需离田埂2～3米的内侧四周开挖环沟，沟宽1.5～2米、深0.5～0.8米；较大田块需挖田间沟，呈“十”或“井”字形，开挖面积占稻田总面积的5%～10%；所挖出的土用于加高加固田埂，施工时要压实夯牢。建设双层防逃设施，外层防逃墙沿稻田田埂中间四周埋设，要求高50～60厘米，埋入土内10～20厘米，用水泥板、石棉瓦等材料，木、竹桩支撑固定，细铁丝扎牢，两块板接头处要紧密，不能留缝隙，四角建成弧形。内层防逃建在田埂内侧，用网片加倒檐或钙塑板围建，高40厘米左右。建好进、排水渠道，水口用较密的铁丝网或塑料网封好，以防蟹种逃逸和敌害随水进入。

2. 环沟消毒　4月上旬，环沟先加水至最大水位，然后采用密网拉网除野，同时，采用地笼诱捕敌害生物，1周后排干池水。4月中旬起重新注新水，用生石灰消毒，用量为2 250千克/公顷。

3. 移栽水草　一般4月下旬开始移栽，环沟中的水草种类要搭配，挺水性、沉水性及漂浮性水草要合理栽植，保持相应的比例，以适应河蟹生长栖息的要求。四周设置水花生带，特别是池内保持一定量的浮萍极为有利，水草移植面积占总面积的50%～60%。

4. 施肥培水　为保证蟹苗下塘时，池中必须有丰富的天然饵料。因此在放苗前7天，沿池四周施用腐熟发酵的有机肥（鸡粪、猪粪、羊粪）2 250～3 750千克/公顷，装入塑料编织袋中。在袋上戳一些洞，如遇水质过浓，可方便取出。同时，在放苗前进行1次水质化验，测定水中氨氮、硝酸氮、pH，如有问题应及时将老水抽掉，换注新水，调节水质。

（二）蟹苗选购与放养

1. 蟹苗选购　选用长江水系亲蟹在土池生态环境繁育的蟹苗（也称大眼幼体），亲蟹要求雌蟹100～125克/只、雄蟹150克/只以上。蟹苗具体要求：淡化6日龄以上，体色呈淡姜黄色，群体无杂色苗，出池时水的盐度在4以下，群体大小一致，规格整齐，每千克14万～16万只；育苗阶段水温20～24℃，幼体未经26℃以上的高温影响；活动能力强，蟹苗在苗箱中能自行迅速散开；育苗阶段幼体未经抗生素反复处理。

2. 蟹苗运输　适宜干法运输。用一种特制的木制蟹苗箱，长40～60厘米、宽30～40厘米、高8～12厘米，箱框四周各挖一窗孔，用以通风。箱框和底部都有网纱，防止蟹苗逃逸，5～10个箱为一叠，每箱可装蟹苗0.5～1千克。蟹苗箱内应先放入水草，箱内用水花生茎撑住箱框两端，然后放一层绿萍，使箱内保持一定的湿度，也防止蟹苗在一侧堆积，并保证了蟹苗层的通气。运输途中，尽量避免阳光直晒或风直吹，以防止蟹苗鳃部水分蒸发而死亡。

3. 蟹苗放养　放养时间一般在5月中旬前。蟹苗先在环沟中培育1个月左右，放养量一般为每公顷稻田22.5～30千克。蟹苗运到田边后，先将蟹苗箱放入环沟水中1～2分钟，再提起，如此反复2～3次，以使蟹苗适应水温和水质。

（三）蟹苗至Ⅲ期仔蟹培育

1. 饵料投喂　因为河蟹在蟹苗种各阶段其习性不同，必须有的放矢地采取不同投饵培育措施，才能提高其成活率（见表）。

蟹苗养成Ⅲ期仔蟹投饵模式表

生长阶段	目　标	经历时间	饵　料	措施
第一阶段	蟹苗养成Ⅰ期仔蟹	3～5天	水蚤	每天泼豆浆2次，上、下午各1次，每亩每天3千克干黄豆，浸泡后磨50千克豆浆
第二阶段	Ⅰ期仔蟹养成Ⅱ期仔蟹	5～7天	水蚤人工饵料	人工饵料为仔蟹总体重的15%～20%，9：00投1/3，19：00投2/3
第三阶段	Ⅱ期仔蟹养成Ⅲ期仔蟹	7～10天	人工饵料	人工饵料为仔蟹总体重的15%～20%，9：00投1/3，19：00投2/3

人工饵料可采用新鲜野杂鱼，加少量食盐，烧熟后搅拌成鱼糜，再用麦粉拌匀，制成团状颗粒，直接投喂。其混合比例为：杂鱼0.8千克＋麦粉1千克，饵料一部分投在浅水区，另一部分散投于水生植物密集区。

2. 分期注水　蟹苗刚下塘时，水深保持20～30厘米；蜕壳变态为Ⅰ期仔蟹后，加水10厘米；变态为Ⅱ期仔蟹后，加水15厘米；变态为Ⅲ期仔蟹后，再加水20～25厘米，达到最高水位（70～80厘米）。分期注水，可迫使在水线下挖穴的仔蟹弃洞寻食，防止产生懒蟹。进水时，应用密眼网片过滤，以防止敌害生物进入培育池。如培育过程中遇大暴雨，应适当加深水位，防止水温和水质突变，否则容易死苗。

3. 日常管理　一是及时检查防逃设施，发现破损及时修复。如有敌害生物进入池内，必须及时加以杀灭。二是每天巡塘3次，做到“三查、三勤”。即：清晨查仔蟹吃食，勤杀灭敌害生物；午后查仔蟹生长活动情况，勤维修防逃设备；傍晚查水质，勤作记录。三是池内要保持一定数量的漂浮植物，一般占水面的1/2左右，如不足要逐步补充。

（四）大田蟹种饲养管理

1. 大田放养　一般在水稻秧苗栽插活棵后进行，此时，可测定环沟中仔蟹的规格和数量。如果数量正好适宜大田养殖，即可拔去培育池的围栏，让幼蟹自行爬入大田，如果数量不足或多余要进行调剂。

2. 饲料投喂　仔蟹进入大田后，除利用稻田中天然饵料外，可适当投喂水草、小麦、玉米、豆饼和螺、蚬、蚌肉等饵料，采取定点投喂与适当撒洒相结合，保证所有的蟹都能吃到饲料。饲养期间根据幼蟹生长情况，采取促、控措施，防止幼蟹个体过大或过小，控制在收获时每千克在160～240只。

3. 水质调控　育蟹种稻田由于水位较浅，特别是炎热的夏季，要保持稻田水质清新，溶氧充足。水位过浅时，要及时加水；水质过浓时，则应及时更换新水。换水时进水速度不要过快过急，可采取边排边灌的方法，以保持水位相对稳定。

4. 日常管理　要坚持早晚各巡田1次，检查水质状况、蟹种摄食情况、水草附着物和天然饵料的数量及防逃设施的完好程度。大风大雨天气要随时检查，严防蟹种逃逸，尤其要防范老鼠、青蛙、鸟类等敌害侵袭。生长期间每15～20天泼洒1次生石灰水，每公顷用生石灰75千克。

5. 病害防治　1龄幼蟹培育过程中，病害防治要突出一个“防”字。首先是投放的大眼幼体要健康，不能带病，没有寄生虫；二是饵料投喂要优质合理，霉烂变质饲料不能用，饵料要新鲜适口，颗粒饲料蛋白质含量要高，以保证幼蟹吃好、吃饱、体质健壮；三是水质调控要科学，要营造良好的生态环境。

（五）蟹种捕捞运输

1. 捕捞方式　蟹种捕捞要突出提高捕捞效果，减少损伤。第一步：水草诱捕，在11月底或12月初，将池中的水花生分段集中，每隔2～3米为1堆，为幼蟹设置越冬蟹巢，春季捕捞只要将水花生移入网箱内，捞出水花生，蟹种就落入网箱内，然后集中挂箱暂养即可；第二步：用同样的办法捕起其他蟹巢中的蟹，蟹巢捕蟹可重复2～3次，上述方法可捕起70%左右的幼蟹；第三步：干池捕捉，诱捕结束后将池水彻底排干，待池底基本干燥后采用铁锹人工挖穴内蟹种，要认真细致，尽量减少伤亡；第四步：挖完后选择晚上往池内注新水，再用地笼网张捕，反复2～3次，池中蟹种绝大部分都可捕起。

2. 暂养　捕起的蟹种要暂养在网箱内，但必须当日销售，尽量不要过夜。暂养要注意两个方面的问题：一是挂网箱的水域水质必须清新，箱底不要落泥；二是每口网箱内暂养的蟹种数量，不宜过多，一般每立方米水体暂养数量不要超过25千克，挂箱时间2～3小时。

3. 运输　蟹种经分规格过秤或过数后，放入聚乙烯网袋内扎紧即可，过数的蟹种要放在阴凉处，保持一定的湿度。蟹种运输只要做到保湿、保阴两点就行，最重要的是尽可能减少幼蟹的脱水时间。

三、水稻栽培管理技术

（一）水稻品种选择

选用耐肥力强、茎秆坚韧、不易倒伏、抗病、高产且成熟期与河蟹收获期相一致的水稻品种。

（二）秧苗栽插

秧苗移栽前2～3天，普施1次高效农药。通常，采用浅水移栽、宽行稀植的栽插方法，适当增加田埂内侧蟹沟两旁的栽插密度，发挥边际优势

（三）水稻生长管理

1. 施肥　水稻栽插前每公顷施长效饼肥3 000～4 500千克，也可在栽插前结合整地每公顷一次性深施碳铵600～750千克。追肥以尿素为主，全年施1～2次，每次每公顷60～75千克。

2. 除草治虫　人工拔除稗草等杂草。防治水稻三代三化螟，除在栽插前用药普治1次外，生长后期可选用高效低毒农药喷雾。但应注意用药浓度，用药后及时换新水。

3. 烤田　平时保持稻田田面有5～10厘米水层。烤田采取短时间降水轻搁，水位降至田面露出水面即可。

四、蟹种培育的注意事项

（一）分阶段培育

第一阶段由蟹苗养成Ⅲ期仔蟹（也称“豆蟹”），此阶段经历13～15天。

放苗时间最好在6月上中旬，在暂养池中培育。每期的规格标准为：Ⅰ期4万～14万只/千克、Ⅱ期2万～4万只/千克、Ⅲ期1万～4万只/千克。第二阶段由Ⅲ期仔蟹育成扣蟹，此阶段至10月底结束。仔蟹进入稻田中生长，以后每期的规格标准为：Ⅳ期0.4万～1万只/千克、Ⅴ期1 600～4 000只/千克、Ⅵ期400～1 600只/千克、Ⅶ期200～400只/千克、Ⅷ期120～200只/千克。根据上述规格标准，在培育过程中定期抽测，视情况采取“控制”或“促长”措施。

（二）防止水体缺氧

河蟹在仔蟹阶段的窒息点为2毫克/升，因此，要使仔蟹顺利地生长发育，溶氧必须在4毫克/升以上。仔蟹进入稻田以后，尤其是7月上旬至9月底这段时间，秧苗老叶、田中蟹不摄食或摄食不完全的水草和一些藻类腐烂，以及仔蟹的排泄物、动物分解产生氨态氮，而导致水质败坏，溶氧降低，轻则影响河蟹生长、蜕壳不利，重则导致幼蟹停止生长、负生长和死亡。因此，要增加换水次数、清除杂物，不投腐烂变质的饵料。

（三）重视规格和质量

要求大眼幼体（即蟹苗）来源正宗，最好是湖泊中用长江水系蟹种育成的亲本，大眼幼体繁殖符合标准化，忌购“花色苗”“海水苗”“嫩苗”“高温苗”“待售苗”“药害苗”“蜕壳苗”。育出的扣蟹要求规格整齐，体质健壮，活动敏捷有力，无残肢断足，无伤病，无蟹奴、纤毛虫等寄生虫附着。尤其是对规格的要求：以120～200只/千克为宜，规格过小（1 000只/千克左右）则失去养大蟹的价值；规格过大（30～50只/千克），易导致性早熟。

蟹种稻田生态优育技术

一、稻田工程与养殖方法

（一）田间工程

项目选在长江边水源充足、水质清新无污染、灌排水方便、保水性好的稻田。在稻田四周离田埂1～2米处开挖环沟，环沟上宽1～1.5米、下宽0.5～1米、深0.5～1米。面积较大的稻田，还要在田中间开挖“十”或“井”字形的田间沟，沟深最好达到0.6米以上。在进水口处开挖长方形蟹溜，面积视养殖量而定，一般占稻田总面积的15%～20%。沟溜相连，沟沟相通。排灌系统采用高灌低排、灌排分开的格局，做到灌得进、排得出。进水口用60目筛网拦好，防止敌害侵入。

防逃设施：设双层防逃实施，田埂四周用8～10丝的农用塑料薄膜建好防逃墙，每隔2米左右用毛竹片或竹竿做立柱加固。防逃墙高0.5米左右，墙面保持紧绷，拐角处成弧形。或用0.6米高铝板下埋0.1米，外围1.5米高绿纱网，防止敌害生物入侵。

田间工程完成后灌水浸池，检验土方工程坚实程度，堵塞漏洞。用鱼虫清全池泼洒，保水7小时以上，以杀死小龙虾等甲壳动物。放苗前10天，用生石灰对沟溜全面消毒待用。插秧完成后对沟溜再修整1次，达到旱不干、涝不淹。

（二）水稻种植

水稻栽插采用大垄双行技术。品种选择武香粳14、武粳13，这些品种叶片开张角度小、抗倒伏、病虫害少、耐肥和优质高产晚熟型，6月5日前栽插完。蟹苗放养前1周，一次施足有机基肥，尽量少施或不施化肥。若有必要，原则上采用少量多次。农药使用采用抛秧后封闭，蟹苗放养后稻田一般不再使用农药。稻田如有稗草，采用人工拔除。

（三）蟹种培育

1. 苗种选择　扣蟹培育成败的关键，很大程度上取决于蟹苗的品种与质量。为了培育纯正长江绒螯蟹，当地蟹种养殖专业合作社利用地处长江边得天独厚的地理优势，隔年选购性状优良、体格强壮的野生长江中华绒螯蟹做亲本。雌性规格为150克/只左右，雄性规格为200克/只以上，选送至南通水产研究所进行人工繁殖。经培育后，选择体质健壮（将沥去水的蟹苗，用手抓一把轻轻一握有硬壳感，且撒手后蟹苗立即四处逃散，爬行迅速者体质较好）、规格整齐，淡化5～7天，出池盐度2以下的蟹苗待用。

2. *放养* 放苗前10天，先对蟹沟和蟹溜做好消毒和防逃设施工作。试水后，再向暂养池中施入与生石灰搅拌并腐熟的粪肥和少量尿素，以培育足够的天然饵料。蟹苗的放养一般在5月中下旬，此时稻田秧苗移栽若尚未完成，先将蟹苗放入蟹溜里暂养。暂养池中如无水草，可投放一些稻草或移栽一些水草，以提供蟹苗舒适的栖息环境。暂养20天左右，待抛秧活颗后，把稻田中的水全部放干，用新水冲洗1～2遍。然后注入新水，经试水后即从暂养池中移入稻田，放蟹苗0.4～0.5千克/亩。

（四）运用技术

稻田培育蟹种技术，主要是饲料投喂、水位水质控制、病害防治和防逃措施，关键技术是防止河蟹性早熟。在自然水域中，河蟹一般2年（1冬龄）即性成熟，在生产实践中稻田育扣蟹当年就性成熟的占相当大的比例。通过大量的实践分析，稻田育扣蟹产生性早熟的主要原因是：一是放苗早，稻田育扣蟹通常采用的是人工繁殖的蟹苗，而人工繁殖的蟹苗要比天然蟹苗早1个月左右，这等于延长了河蟹当年的生长期；二是饵料过精，一些养殖者为追求大规格蟹种，从大眼幼体放养之日起就投喂高能量、高蛋白的精饲料，使得营养过剩，有的甚至投喂的饲料中添加有激素类药物以增强抗病能力，促进了性早熟；三是稻田环境与自然江河不同，稻田水浅、温度高、活动范围小，也促进了性腺发育，可见，控制性早熟是稻田育扣蟹的关键。主要措施是：

1. *适当晚放苗、多放苗* 一般放养6月中旬以后的大眼幼体为宜，放养量以每亩稻田放大眼幼体400～500克，这样每亩稻田当年可培育成规格120～140只/千克的扣蟹56千克左右。

2. *投饵坚持两头精、中间粗的原则* 刚放人大眼幼体时，要投喂以枝角类为主的浮游动物和鱼靡，便于河蟹消化和水质清洁，提高其成活率。20天后，Ⅲ期幼蟹投喂以水草、浮萍、麦麸等植物性饵料为主。如生长过快，可适当控制投喂量。到8月底后，可投喂20～30天精饲料，以增强体质，提高越冬成活率。精饲料以野杂鱼、豆饼和人工合成料为主。

3. *控制稻田环境，以适应河蟹生长* 养扣蟹的稻田一定要有环沟，面积较大的稻田还要在田中间开挖“十”或“井”字形的田间沟，沟深最好达到0.6米以上，其面积占稻田总面积的15%～20%，沟溜内有1/3面积为水草覆盖，这样使得河蟹有较大的活动空间，使其在接近自然环境下生长。

二、养殖结果

通过项目的实施，掌握了生态培育蟹种的规律和方法，探讨了稻田生态培育蟹种中应注意的有关问题，取得了每亩平均产优质中华绒螯蟹种56千克，增加收入3 300元（表1、表2）。

表1　单位亩收获情况

放养量（千克/亩）	放养时间	收获期（月）	成活率（%）	产量（千克/亩）
0.4	5.25	翌年1～3	88	55
0.5	6.8	翌年1～3	92	57

表2　单位亩效益情况

放养量（千克/亩）	放养时间	收获期（月）	成活率（%）	收入(元/亩)
0.4	5.25	翌年1～3	88	3 100
0.5	6.8	翌年1～3	92	3 500

三、可行性分析

稻田培育蟹种，利用蟹稻共生原理，蟹吃害虫、除杂草，促进了水稻的生长；而稻田又为蟹提供了良好的生活生长环境，因地制宜地开发利用自然资源，使农业、渔业协调健康发展，从而达到保护生态环境、维持良好的生态平衡，促进农业生产得到可持续发展。

稻田培育夏花大规格鱼种技术

稻田培育夏花大规格培鱼种，是利用稻田的浅水环境，不挖池、不占地、不投喂、不占现有的养殖水面培育大规格鱼种的一种养殖方式。

一、发展稻田培育大规格鱼种的意义

（一）提高土地综合利用率

稻田夏花培育大规格鱼种，能提高土地综合开发利用的水平，增加稻田的经济效益，还可以为池塘养鱼、网箱养鱼及湖泊水库等大水面养鱼提供大规格鱼种，解决大规格鱼种紧缺的问题。

（二）增肥保肥作用

鱼类排出的粪便施于田面，为水稻提供了大量的有机肥。鱼吃掉了大量与水稻争肥争氧的杂草和浮游生物，使养分集中向水稻供应，鱼在稻田中游动，起了翻土作用。有利于化肥深入土壤深层，起到了提高肥效的作用。

（三）中耕除草作用

鱼在稻田中不停地翻动泥土，使土壤颗粒变细、结构疏松、硬度降低，起到了人力所无法达到的松土效果，增加了土壤的松暄度和通透性。鱼类吃掉稻田中大量的杂草，起到中耕除草作用。

（四）增温增氧作用

鱼在稻田中游动使水起波浪，可以使空气中的氧气更多地溶于水中，提高了水体和土壤的含氧量，起到增氧作用。鱼在稻田中游动，搅混水体，增加了水体对阳光的吸收能力，提高了水温。同时，还促使稻田中上、下水层不断对流，提高了底层水及土壤的温度。

（五）防病灭虫作用

稻田中大部分生物对水稻有害，却又大多是鱼类的天然饵料。鱼会吞食稻叶上的害虫，起到灭虫防病的作用。稻田养鱼后，水稻根系发达、植株粗壮，提高了抗病和免疫力。

（六）促进水稻增收

稻田养鱼后，改善了水稻的生态条件，促进水稻有效穗的增加和结实率的提高，使稻谷增产。既能立体利用农田，又减少了治虫用药和肥料等的成本支出，还节省了除草和耕耥的用工。低耗高效，生产出优质的稻谷和鱼，减少了环境的污染，又保障了人畜健康。

二、方法

（一）田块选择

在忠仁镇忠联合村，选取1 500亩水源充足、水质良好、排灌方便、地势平坦、保水力强、不受洪水威胁的地块进行夏花放养。

（二）田间工程

1. *加高加固田埂* 为防止坍塌和漫埂跑鱼，我们将稻田内埂的埂高加高到40厘米，顶宽加到30厘米、底宽加到50厘米；稻田外埂的埂高加高到50厘米，顶宽加到40厘米、底宽加宽到60厘米。并夯实，保证不塌不漏。

2. *进、出水口设置* 进、出水口设置在稻田相对两角的田埂上，可以使田内水流均匀流转，利于稻田中水体交换，更新水质，保持稻田良好环境，对水稻和鱼类生长都有利。

3. *拦鱼栅的设置* 在进、出水口均设置了拦鱼栅，其高度和宽度分别大于进、出水口20厘米，拦鱼栅的两边及下端插入泥土中夯实，上端高出田埂，以防跑鱼。拦鱼栅用铁筛片制成，安置两层，两层间隔50厘米。第一层起拦污作用，第二层拦鱼，这样安全。网眼为3毫米，既不阻水又不跑鱼。

4. *鱼沟的开挖* 鱼沟能够保证在晒田、施肥、施药时保护鱼类，便于防治鱼病和捕捞。鱼沟宽30厘米、深30厘米。鱼沟的形状挖成“十”字形，鱼沟距田埂底部1米，把挖出的泥土直接修筑田埂，减少了运土工作量。

（三）苗种放养

1. *放养时间* 在插秧后第7天（即6月10日）秧苗返青后将夏花放入稻田中。

2. *放养品种* 选择的品种是鲤。鲤是杂食性鱼，它可以充分利用稻田中的杂草和水生生物等天然饵料，并且鲤摄食时是挖掘底泥，可起松土作用，使水稻根系发达，增强抗病力。

3. *放养密度* 每亩稻田放1寸夏花70尾，1 500亩稻田共放夏花10.5万尾。

（四）田间管理

以稻为主，在促进稻谷增产的前提下，充分利用稻田生态条件，采取对稻、鱼都有利的管理措施。日常管理中主要采取了以下几项措施：

1. 保持一定的水位　鱼苗入田后，根据水稻的生长特点，先浅后深。前期浅水能促使秧苗扎根，水深保持6～8厘米；中期正值水稻孕穗期，需要大量水分，水位保持15～18厘米；后期水稻抽穗灌浆成熟，水位保持在12厘米左右。

2. 把好施肥关　在稻作期间，除按水稻操作要求施肥外，没有另外施肥，以防田水过肥，引起水稻贪青或倒伏。施用化肥时，考虑到鱼的安全，每亩施用尿素4.5千克，每次各施半块田面，两次施肥间隔1天，施肥后2天重新注水入田，对鱼无影响。在整个生产期间，水稻长势良好，稻田没有用药。

3. 加强巡视，注意防逃　平时做到经常检查田埂，发现漏塌及时堵塞和夯实，注意维护和修整进、出水口的拦鱼设备。下大雨时，加强检查，防止洪水漫埂，冲垮拦鱼设备，造成逃鱼。

4. 起捕　8月下旬，稻田放水时开始捕捞。首先将鱼沟清理疏通，然后再缓缓放水，使鱼逐渐集中在鱼沟里，用抄网将鱼捞出。起捕之后，挑选无病无伤体质健壮的进行越冬。起运前先将鱼放入网箱，吐出鳃内污泥，并挑出不符合越冬条件的及时出售。

三、试验结果

（一）大规格鱼种产量

出池时鱼种平均尾重250克，小的150克、大的350克。本次试验的1 500亩稻田共出鱼1.75万千克，平均每亩稻田产鱼种11.5千克，成活率为70%。

（二）稻谷产量

不养鱼稻田亩产稻谷567千克；养鱼种稻田亩产稻谷589千克，比不养鱼稻田平均亩增产稻谷22千克，稻谷增产4%。

（三）效益分析

1. 养鱼种投入　1 500亩稻田的夏花鱼苗费用8万元，拦鱼栅及人工等费用2万元。与未养鱼种稻田相比，1 500亩稻田多投入2万元。

2. 养鱼种收入　1 500亩稻田共生产鱼种1.75万千克。将其中不符合越冬条件的秋片鱼种0.75万千克，以6元/千克卖出，共收入4.5万元。将无病无伤体质健壮的1万千克大规格鱼种卖给越冬渔场，每千克10元，收入10万元，合计14.5万元。

养鱼种增收=鱼种收入－养鱼种投入=12.5万元。

平均每亩稻田增收83.3元。

3. 稻谷增收　1 500亩共增收稻谷34吨，以每吨2 700元价格卖出，共计增收

9.18万元。

平均每亩水稻田增收61.2元。

合计增收：用于实验的1 500亩稻田，鱼种增收12.5万元，稻谷增收9.18万元。

平均每亩稻田鱼稻合计增收144.5元。

四、讨论

（1）个别田块鱼规格小，成活率低，是由于利用江水注水时没有严格过滤，致使野杂鱼进入，争夺养分，凶猛鱼类捕食鱼苗，造成鱼规格小，成活率低。

（2）由于大风天没有及时巡查，致使有的田块之间的筛片倒伏，没有隔好，使鱼集中于一田块内，导致天然饵料不足，鱼规格不理想。防止鱼类窜通很重要，及时巡查更重要。

稻田福瑞鲤生态综合种养技术

本示范区选择在高海拔山区稻田养鱼传统产区福建省顺昌县枫溪乡，建立核心示范区50亩，培育示范户16户。

一、稻田选择

选择单块面积1亩以上，光照条件好、土质保水保肥、水源方便、排灌自如、交通便利，能相对连片50亩以上的田块。

二、基础设施

1. 鱼溜（坑塘）　在稻田进水口方向（可常年微流水养殖）挖一坑塘，面积占大田面积的5%左右，深度0.8米以上。

2. 鱼沟　沿坑塘连接处向大田开挖1条宽50～60厘米、深30厘米左右的十字大鱼沟（长按田块离田埂1米处止），每隔20米开挖多条小鱼沟，宽40厘米、深20～30厘米，成井、田字等形状，与坑塘或大鱼沟相通。鱼沟定期清淤，保持通畅。

3. 田埂　田埂四周加高至0.6～0.7米，埂面宽40厘米以上。

4. 进、排水系统　进、排水口设置间距0.2～0.3厘米的拱形拦鱼栅（外层用竹片编制，里层前期用密网），防止逃鱼。

三、水稻种植

选种单季稻品种天优华占，栽培密度为株距20厘米、行距25厘米，插秧时间6月5日。

四、放养前准备

鱼苗种放养前10～12天，坑塘保持20厘米水位，用生石灰100克/米^{2}或漂白粉10克/米^{2}均匀泼洒消毒。坑塘消毒后3～5天放水，7～10天后放鱼。

五、鱼种放养

鱼种为省级良种场福建省顺昌县兆兴鱼种场提供。5月25日投放福瑞鲤苗种，下塘时用3%的食盐水浸泡消毒，避免苗种因受伤而发生病害。同时，注意水温不得相差超过5℃，防止因环境的不适造成死亡。每亩投放规格35～40尾/千克的冬片鱼种200尾和3～4厘米的夏花鱼苗500尾，放养密度为700尾/亩。

六、饲养管理

1. *能力提升*　主要培养管理人员的素质，加强对管理人员责任心的灌输，对其进行专业知识的培训，提高技术水平和管理能力。

2. *鱼种饲养*　鱼种下塘至入大田前，屯养在坑塘中。此间，亩先投喂10天细糠（1千克/天，逐步增加至2千克/天），然后再投喂70天左右的菜籽饼（每2～3天2.75千克）。稻禾返青后将连接大鱼沟开通，保持大田水位加高至20厘米，让鱼在大田与坑塘中间自由摄食与生活。此间，至水稻抽穗扬花期，坑塘中继续投喂菜籽饼。饲料投喂情况见表1。

表1　投喂情况

时间（月、日）	采用饲料	
	早餐	午餐
5.25～6.5	细糠	细糠
6.6～8.15	菜籽饼	菜籽饼
8.16～9.17	停饲	停饲

3. *投喂技术*　时间：早餐为7:00～8:00；午餐为14:00～13:00。方法：投喂细糠，采用人工手撒法；投喂菜籽饼，则采用挂桩法（在坑塘中立木桩横订钉，菜籽饼穿孔挂上），供鱼慢慢摄食。坚持“四定”原则，挂一饼菜籽饼（2.75千克/饼），前期3天更换，后期2天更换，未食完的投入塘中用作肥料。

4. *水质管理*　当鱼种在坑塘中进行强化培育期间，大田内施足有机肥（250～300千克/亩），采用重施基肥、少施追肥的方法，将全年总施肥量的80%用于基肥；追肥用复合肥（每次10～15千克/亩）（如施碳酸氢铵，则采取“先施一边，隔天施另一边”的办法），施肥2～3次。并注意适时加注新水，坑塘保持微流水状态。

5. *日常管理*　养殖过程中，经常巡视坑塘、大田田埂。①防偷（电）及其他生物侵犯；②检查进、排水系统是否存在隐患，防逃、防洪（溢）、防旱；③观察鱼的活动、摄食情况，调整投饵量；④观察有无病害发生，做好防治工作。整个养殖过程没有发生病害现象，只有个别零星死鱼。坑塘及大沟在鱼种放养后，每隔20天左右用20毫克/升的生石灰全塘（沟）泼洒1次。

七、结果

1. *水产品* 2014年9月17日进行了现场测产工作。平均亩产43.96千克，亩平均数量（规格）：成鱼190尾（183克/尾）、冬片305尾（30克/尾），成活率70.7%。

2. *水稻* 2014年9月30日进行了现场测产工作。平均亩产467千克，较水稻单种452千克，增加15千克。

3. *亩生产成本* 劳工费240元、稻种费120元、化肥费184元、有机肥费90元、水产苗种费200元、水产饲料费220元、机耕等其他开支100元，总计1 154元。

4. *亩产值* 水产品：43.96千克×46元/千克=2 022.16元；水稻：467千克×3元/千克=1 401元。

5. *亩利润* 水产品产值2 022.16元+水稻产值1 401元−种养成本1 154元=2 269.16元。

6. *水稻单种* 亩成本：劳工费100元、稻种费120元、化肥费200元、有机肥费80元、农药费90元、机耕等其他开支100元，总计690元；亩产值：452千克×2.6元=1 175.2元；亩利润：1 175.2元−690元=485.2元。

八、分析与讨论

1. *水产品品质* 本示范区稻田为高海拔山区山垄田，其底质为沙石土，土质渗透能力好，水质自我调节能力强，无企业和生活污染。高海拔山区水温低，养殖周期长，密度低，养殖的鱼类品质好、无泥腥味，符合无公害、绿色水产品要求。采用头年放养夏花养成冬片，翌年冬片到成鱼的养殖模式，较长的生长期形成其优良的品质，该地区的生态鱼基本单价都维持在50元/千克以上。

2. *水稻产品品质* 本示范区水稻若按生产有机（绿色、无公害）大米的发展方向执行，整个种养周期不使用任何农药，少施化肥、多施生物有机肥，水稻产品品质将得到很好的提升。通过对大米商标的申请注册，形成大米商标品牌，发展成有机（绿色、无公害）大米产业链，将进一步提高该项目的经济效益。因此，稻鱼生态综合种养项目，水稻走有机（绿色、无公害）等高端大米生产之路，是提升项目经济、社会效益的有效、可行的途径之一。

3. *养殖模式* 本示范区主养福瑞鲤，较鲫生长速度快，利于水稻除虫防病，减少水稻用药。合理施肥，既有利用水稻群体生长发育、确保水稻高产优质，又利于养殖种类有良好的栖息环境，实现种养结合、相互促进、互利共生。如果扩大项目规模和养殖效益，可发展稻蟹、稻鳅生态综合种养模式，进一步调整种养品种结构，实现更好的社会、经济、生态效益。

4. *水产品产量* 平均亩产43.96千克，成活率为70.7%；亩放养的冬片鱼种成活率达95%，夏花苗仅为61%（用于翌年养殖）；平时未发现死鱼，或因鸟类和鼠、蛇等生物侵害，应加强管理防范。养殖周期不到4个月，坑塘面积过小，若适当增加饲料投喂和延长养殖周期，亩产量可达50千克以上。

5. *防洪问题* 利用山垄田建立的稻田养鱼，由于地势高差较大，低处稻田易受水浸漫，受暴雨影响，土埂容易坍塌，应注意加强防洪问题。本示范的坑塘护坡，若采用水泥固化，可提高水深，增加养殖空间，且防洪防生物侵犯能力强。

6. *推广前景* 受基本农田保护政策和农田承包到户的影响，土地调整十分困难，开挖鱼塘受到限制。本示范区是以不改变种粮模式、不减少粮食产量为前提，把水产养殖业和种植业紧密结合起来，不仅可以提高土地利用率、有效促进农民增收，而且在大幅降低农业面源污染的同时，还能有效保证粮食和水产品质量安全，提高农产品品质。对丘陵山区发展水产养殖业不仅拓展了养殖空间，而且对农业产业结构的调整和稳定粮食生产具有积极的社会意义。该县是福建省、全国农业大县，耕地面积达54万亩，其中，山垅田面积约占1/3，发展稻鱼生态综合种养前景看好。

瓯江彩鲤“龙申1号”稻田养殖技术

瓯江彩鲤“龙申1号”，是浙江龙泉省级瓯江彩鲤良种场与上海海洋大学经10多年选育而成的水产新品种（品种登记号GS-01-002-2011），由5种代表性体色组成。与选育前相比，瓯江彩鲤“龙申1号”具有更高的体色纯合度和遗传稳定性，生长速度比对照群体快13.68%~24.65%，不同体色间配套生产的子代体色基本可控，体色鲜艳度、黑色斑纹更加明显，在食用性能的基础上提升了观赏性能。

瓯江彩鲤“龙申1号”性格温顺、不喜逃逸，抗逆性强、群体产量高、易饲养，加上生长迅速、肉质细嫩，是稻田养鱼的优良对象。

一、稻田要求

要求光照条件好、水源充足无污染、进排水方便、不会渗漏水的旱涝保收田，最好相对集中连片。

二、稻田改造

（一）开挖鱼沟

鱼沟分为主沟和次沟。田埂四周和进、排水口连线上的鱼沟作为主沟，其他为次沟。主沟的宽和深分别为1.0米和0.8米；次沟的宽和深分别为0.8米和0.6米。鱼沟的开挖深度不能造成漏水。鱼沟的布局可根据稻田大小和形状，采用“十”字、“井”字或“目”字形等不同形状。进、排水口一般设置在稻田的相对位置上，与主沟相连。

（二）开挖鱼坑

鱼坑的位置一般选在进水口边或田中央，直接与主沟相连。鱼坑的深度为1米，沟坑面积控制在稻田面积的10%以内。鱼坑的开挖深度不能造成漏水。稻田面积小，可以不设鱼坑。由于鲤寻食会拱泥土，造成鱼沟和鱼坑的泥壁坍塌变浅，所以最好使用永久性沟坑，或用竹篾、木板等材料，对鱼沟、坑壁进行加固，防止坍塌。

（三）搭建鱼棚

防止鸟类捕食鱼苗或啄伤鱼种。鸟类特别是白鹭已成为稻田养鱼的主要天敌，加上瓯江彩鲤“龙申1号”体色鲜艳，目标明显，更易被捕食。

（四）设立防逃设施

把田埂加宽至30～50厘米、加高至离田面40～60厘米，并夯实，有条件可以永久硬化。在进、排水口处应安装拦鱼栅。拦鱼栅的材料可选择聚乙烯网片、铁丝网或竹篾编织，网目大小以鱼种不会逃逸为前提。

三、稻田消毒

在放养前7天进行。可用漂白粉（含有效氯30%）消毒，每亩用量为7.5千克，溶解后全田泼洒。

四、稻田施肥

养鱼稻田的施肥原则是以基肥为主、追肥为辅；以有机肥为主、化肥为辅。基肥可选用粪肥或厩肥，用量为每亩水田每季稻用200～300千克。施追肥要少量多次，用量掌握在总施肥量的30%。

五、鱼种放养

（1）鱼种来源为浙江龙泉省级瓯江彩鲤良种场。

（2）鱼种质量要求规格整齐，肥满度好，游动活泼，无明显伤残病灶。

（3）鱼种消毒。鱼种入田前，要对鱼体进行消毒，预防疾病发生。入田时，注意水温温差应控制在3℃以内。水温温差大要进行兑水，或将氧气袋放入稻田水中调节水温。

常用消毒方法有：

①1%的食盐加1%的小苏打水溶液或3%食盐水溶液，浸浴5～8分钟。

②20～30毫克/升的聚维酮碘（含有效碘1%）溶液，浸浴10～20分钟。

③5～10毫克/升的高锰酸钾溶液，浸浴5～10分钟。

（4）放养密度。根据稻田条件、投饲与否、饲料类型、鱼种规格及成鱼的出池规格要求等因素来确定，常规密度为每亩放养尾重为10～20克的鱼种150～250尾或夏花500～800尾。

（5）放养时间为稻秧苗入田并生出新根，且挖好鱼沟后放养。

六、饲养管理

（一）投饲管理

瓯江彩鲤“龙申1号”属杂食性鱼类，可以摄食稻田中的天然饵料，如水生生物、昆虫、植物果实及有机碎屑等。这类饵料可以通过施基肥、追肥进行培育，水稻的害虫也是其饵料来源之一。另外，可以增加人工饵料，如剩饭、料糠、麸皮、青料及大、小麦等杂粮，也可投喂经过发酵的禽畜粪肥。有条件的，可增投部分渔用颗粒饲料，饲料的日投放量为鱼重量的2%～3%，养殖前期可适当多投，投饲地点以鱼坑、鱼沟为主。

（二）水位管理

在水稻生长期间，稻田水位应保持在5～10厘米；随水稻长高，鱼体长大，水位可加深至15厘米左右；水稻收割后，水位可加深至30厘米以上。在高温季节要加强换水，防止田水温度过高。平时巡田要做到认真仔细，发现问题及时处理。下雨天要增加巡查次数，防止溢水逃鱼。养鱼稻田不宜让鸭子进入，如发现敌害生物，要及时除掉。

（三）稻田用药

稻田水稻治病，要大力推广使用生态、生物防治方法。用药应选择高效低毒、残留期短的农药，不得使用禁用药物或对鱼类毒性较大的农药。施药前，先疏通鱼沟、鱼坑，加深田水至10厘米以上。粉剂趁早晨稻禾沾有露水时用喷料器喷，水剂宜在晴天露水干后用喷雾器以雾状喷出，应把药喷洒在稻禾上。施药时间应掌握在阴天或17:00后。

（四）病害防治

稻田养殖鱼病较少发生，主要为常规疾病。鱼病防治要坚持“以防为主、有病早治、积极治疗”的原则。稻田在使用前后及鱼种放养时按要求进行消毒以外，常用工具也要经常用网箱消毒的方法浸泡消毒。鱼种在捕捞、运输和放养过程中，要尽量避免受伤。要注意及时换水，确保水质鲜、活、嫩、爽，且每隔10～15天泼洒1次20～30毫克/升的生石灰水或0.8～1毫克/升的漂白粉溶液进行水体杀菌消毒。常见鱼病（如水霉病、细菌性烂鳃病、细菌性肠炎病等）的治疗用药及休药期，应符合NY 5071的规定，推荐使用中草药或生物防治方法。

七、成鱼起捕

采取捕大留小、分批上市的方法起捕，小的再养一年。起捕前先放水，慢慢地把鱼集中到鱼沟和鱼坑中，再进行捕捞操作。

稻田生态养鳅关键技术

稻田养鳅，是将种植水稻与养殖泥鳅有机地结合在同一生态环境中。泥鳅在稻田中的生命活动，能促进稻田上下水层对流、物质交换，特别是能增加底层水中的溶氧，同时，泥鳅的排泄物能为水稻的生长及时补充所需肥料，促进水稻的生长，提高稻米产量和质量，从而使稻田生态系统从结构和功能上都能得到合理利用，达到稻鳅共生互惠互利的作用。所以，稻田养泥鳅是生态、绿色、高效、立体生态农业的新型综合种养模式。

一、田块的选择和建设

（一）田块的选择

选择土质肥沃、靠近水源、灌排方便、水质清无污染、保水性较好的田块；为便于人工操作与管理，面积2～3亩为宜。

（二）田块的建设

1. *鱼溜的建设*　一般稻田中的鱼溜设在鱼沟交叉处，开挖成圆形鱼溜，面积占稻田面积的3.5%～4%，深1～1.3米。

2. *鱼沟的建设*　鱼沟的形状，应根据田块的面积、形状而定。一般将鱼沟开挖成“井”字形，面积占稻田面积的4%～4.5%，深0.4～0.7米、宽0.5～0.6米。

3. *防逃设施建设*　稻田四周用聚乙烯网（底部入泥30～40厘米）建成40～50厘米高的防逃网，以防漏洞、裂缝、漏水、田埂塌陷而使泥鳅逃走。进、排水处单独分开，建立相应的防逃设施。

另外，稻田四周田埂应夯实，防止渗漏、坍塌。挖鱼沟、鱼溜的时间，最好在水整地后插秧前进行。

二、水稻的栽培管理

（一）栽培

水稻品种应选择生长期长、抗病力强、抗倒伏、分蘖力强、高产优质的杂交水稻品种。种稻时实行宽行密植，株行距一般为5厘米×5厘米。

（二）管理

采用一次施肥法，即将发酵过的猪、牛、鸡、鸭粪等农家有机肥500～2 000千克/亩，混合磷肥20～30千克/亩、尿素6～7千克/亩同时在耕地前施下，形成一种全层施肥法。这不仅对田间泥鳅无害，而且还有利于水稻和稻田浮游生物的生长。

三、鳅苗的放养

（一）消毒

放养前15天，用50～100千克/亩的生石灰化水趁热泼洒，对鱼沟、鱼溜进行彻底消毒。鳅苗放养前，用5%的食盐水浸洗3～5分钟，以防发生鱼病。

（二）放养

选择体质健硕、无病、无伤的鳅苗；放养规格、密度要根据稻田的田间条件，如养鱼水体的大小、是否投饵等而定，一般情况下，规格为3～4厘米，放养1.2万～3.5万尾/亩；一般在稻田插秧后的7～8天放养为宜，此时正值浮游生物第一次生长高峰期。

四、日常管理

（一）科学喂养管理

一是要根据食性特点，科学合理投饵，严格按照“四定”原则，即定时、定位、定质、定量的原则投饵；二是要根据泥鳅不同生长阶段营养需要，实行不同饵料的搭配组合喂养；三是要按照季节、天气、水质变化及泥鳅的活动情况，合理安排每天的投喂量。

（二）水质调控

水中溶解氧保持在5毫克/升以上，pH7～8.5，透明度40厘米，并根据具体情况适度调节。

（三）建立巡查制度

每天至少1次巡查，观察田间情况，及早发现问题，立即解决。

（四）病害防治

全面推行“健康生态养殖”技术，认真贯彻“预防为主、防治结合”的方针，把病害控制和消灭在萌芽状态，减少用药或不用药。

五、稻鳅生态种养模式效益分析

（一）经济效益

1. 节约土地，降本增效　将种稻与水产养殖有机结合在一起，进行立体开发，发展生态种养技术。一方面，能节约挖鱼塘的田地，具有稳粮创收的作用；另一方面，鱼在稻田中的生命活动，有利于增加稻田的溶氧，提高水稻的防病能力，减少用药。此外，水稻在不同生长阶段能及时利用养殖动物的排泄物，促进水稻生长，降低肥料使用量，提高水稻产量。

2. 提高产品优势　稻田生态种养，种植的水稻品种优良，养殖的为名特优品种，养殖用水符合国家规定标准，且全程种养过程科学、合理、规范，最终的产成品水稻、鱼产品安全可靠，品质一流，在市场上具有较强的竞争优势。

（二）生态效益

1. 增加蓄水量　标准的综合种养稻田的田埂，比普通稻田埂高50厘米以上，而且具有较好的保水性，一般不会发生渗、漏水现象，能使每亩稻田蓄水量增加150～200米^3。涝洪时，可蓄水分洪；干旱时，由于田间及早蓄水能保证稻田必需的水分，确保水稻正常生长。

2. 防虫防病作用　稻田中的害虫成了养殖动物的好饵料，能起到生物治虫的作用，可明显减少农药使用次数。稻田里能够吞食落到水面上的稻飞虱、叶蝉、稻螟岭、卷叶螟、食根金花虫、纹枯病菌核等，减少水稻病害的发生。

3. 保肥增肥作用　杂草不仅是水稻的劲敌，一些病虫害的中间宿主，而且能大量地吸收水分与肥料。稻田中养殖动物的生命活动，能有效限制一部分杂草的生长，减少杂草与水稻相互争夺地面、空间和日光能，又能使部分养分保留下来，可直接供应水稻吸收生长。随着稻田中泥鳅的生长加快，排泄物不断增加，排泄物中氮、磷等养分非常丰富，可明显增加稻田土壤养分。

4. 降低稻田温室气体排放　稻田综合种养技术，能有效降低二氧化碳、甲烷的排放量。据黄毅斌等（2001年）研究报道，稻鱼鸭生态种养模式中，甲烷排放总量比常规种稻减少34.6%。

利用蚯蚓进行稻田生态养殖泥鳅技术

利用废菌棒培育蚯蚓，进行稻田生态养殖泥鳅，变废为宝。既保护了生态环境，又生产出绿色农产品，是一项值得大力推广的水产养殖节能减排新技术。

一、田地的准备

（一）稻田准备

稻田选择面积为3～5亩，离水源近，水质良好，还要保证大旱不涸、大雨不涝、进排水方便、阳光充足、环境安静的稻田。田中间为稻田种植区，水深5～8厘米，另设环槽和鱼沟，深70～80厘米。因泥鳅有逆水游动的特性，非常善逃，所以在生产中，除在进、排水口做好防逃网外，还要用钢筋或竹竿整田搭架，设置网目稍大一点防护网，既能有效防止天敌的入侵，又不影响水稻花期授粉。每年的3月左右对稻田进行清田消毒，清田方法为：先将田水排干，然后用生石灰清塘消毒，用量为70～120千克/亩（加水溶化，趁热全池泼洒）。当环槽、鱼沟注水水深7～10厘米时，用生石灰75～150千克/亩（加水溶化，趁热全池泼洒）对池水进行消毒。清田消毒后，在槽沟和稻田内均匀撒上有机肥，铺6～8厘米厚的有机肥，再铺6～10厘米壤土，有机肥一定要曝晒和无害化处理后使用。5～7天后，等有机肥发酵产生多种微生物和浮游动物虫卵注入新水，注入的新水一定要过滤，水质良好。有条件的，也可在稻田内投放少量的田螺，用其改善水体环境。

（二）蚯池准备

要选择在稻田附近的空地上或较宽的田埂上，并有树林或树木为其遮阴避光。最好是南北走向，宽1.5米左右、长8～10米。蚯蚓池要整体下挖60～70厘米，用黑色不透光塑料布铺底后，把采购的食用菌废棒逐个轻轻散开，均匀地铺在蚯蚓池内，注意此操作不能伤害到废菌棒中的蚯蚓。视废菌棒料的潮湿度及时洒水增潮，使废菌棒料中始终保持充足的水分，以利于蚯蚓的繁殖和生长。因蚯蚓怕光喜阴、喜湿，除用树木遮阴避光外，还要在蚯蚓池上方用竹竿搭架，铺黑色不透光塑料布建避光棚，为其避光。

二、苗种选择

（一）稻种选择

选择适宜沿黄地区生长的矮秆、抗病能力强、生长期较长的晚熟品种水稻，作为稻田的种植品种。

（二）鳅苗放养

鳅苗可选择有良好信誉的正规良种场繁育的泥鳅苗，放养泥鳅的规格为5厘米以上，要求行动活泼，体质健壮，大小均匀，无伤无病无畸形。放养时间一般为水稻插秧后10天左右，待返青生长时，这时将喂饱的泥鳅放到稻田沟槽池中，饱食下田，可提高其抗病能力和成活率。每100米^{2}水面放养量为0.85万～1.0万尾。放养前将鳅苗用3%～4%的食盐水浸泡5～10分钟消毒，以杀灭其体表的寄生虫和预防水霉病的发生。鳅苗下池5天后，每天泼洒的豆浆用量，可增加至每100米^{2}水面0.75千克（大豆）左右，分2次泼洒，时间为9：00、16:00各1次。10天后，视其摄食情况递减投喂量。并逐步配合投喂规格较小的蚯蚓，以驯化泥鳅摄食习惯。还可在稻田内鱼沟旁设置5～6个诱虫灯，为泥鳅提供昆虫饵料。

（三）蚯种准备

蚯蚓池要早于泥鳅投放前15天左右使用。如发现废菌棒料中蚯蚓数量较少时，可采集野外蚯蚓充实到蚯蚓池中，以增加蚯蚓繁育能力，保证蚯蚓产量。蚯蚓为雌雄同体，异体受精，4天就可产卵。据有关资料显示，1条亲蚯蚓每年可产400～500条小蚯蚓。加上蚯蚓非常喜食废菌棒内的肥料，其生长和繁殖速度特别快。大概8～10天，蚯蚓池每平方米可产1.5千克左右的蚯蚓，蚯蚓长到7～8厘米时可投喂泥鳅。一般5亩稻田池配2个蚯蚓池，可基本满足泥鳅的摄食量。蚯蚓的收捕方法，可实行轮捕法，以保证蚯蚓供应的连续性。先从蚓池一头开始抓捕，根据蚯蚓密度及投喂量，把蚯蚓和菌料土一起取出，放在塑料布上面，在阳光照射下，蚯蚓就会向下钻，再取上面的菌料土，让其继续下钻，直到大部分蚯蚓都钻到塑料布上。可连部分菌料土和蚯蚓一起投喂泥鳅（规格稍大的蚯蚓，要把蚯蚓剪成段再进行投喂），泥鳅把蚯蚓摄食掉，剩余的料土可作为有机肥为稻田追肥。菌料发酵土和蚯蚓的排泄物是较好的有机肥，可为水稻生长提供很好的肥料。

三、水质管理

田水以黄绿色为宜，透明度以20～25厘米为宜，酸碱度为中性或弱酸性。因前期天气温度较低，要定期测定水温，观察和检测水中的溶解氧和pH，因有机肥发酵会对水质产生一定的影响，发现异常应及时采取措施，注入适量的新水进行调节。注水时最好采用明渠注入，让其充分曝气、增氧、增温。水稻生长会吸附积累在植物根系表面的污染物，可以降低水体富营养化程度。田螺和泥鳅摄食田水中的稻花和残枝烂叶，从而对水质有较好的调节作用。

四、饲养与日常管理

（一）饵料投喂

泥鳅的饵料构成与水温有关，泥鳅通常在水温15℃时开始摄食。若此时开始投喂蚯蚓，要投喂规格较小的丝蚯蚓，日投喂1次，时间为16:00，摄食量为鱼体重的3%。前期鳅苗时，要适量搭配投喂一些辅料，如鱼粉、蚕蛹、猪血（粉）等动物性饵料，将饵料和蚯蚓均匀地撒在水稻种植区和槽沟内；以后，逐渐将饵料和蚯蚓投放在槽沟内的固定位置，让泥鳅养成在槽沟内定时、定点摄食的习惯，以利于观察、了解它们的摄食和生长情况。当水温达到25℃以上时，以投喂蚯蚓为主，每天投喂1次。将规格稍大的蚯蚓要剪成段进行投喂，投喂量为鱼体重的2%左右。因为，此时有机肥发酵会增加田水中养分，培养出大量的浮游生物和虫卵，可给泥鳅提供既营养又健康的饵料。泥鳅在稻田种植区活动时，摄食水稻根部的虫卵和掉落到水面的成虫、稻花，对稻田进行除草保肥、生态灭虫，进而降低农药的使用量。因蚯蚓（干物）含丰富的氨基酸、微量元素，粗蛋白含量达66%左右。泥鳅非常喜食，通过泥鳅摄食蚯蚓，能使泥鳅的品质和营养价值有较大提高。还可提高泥鳅免疫力，增加其抗病害能力。以形成废菌料养蚯蚓、蚯蚓养泥鳅、泥鳅肥稻田的良性生物循环体系。

（二）日常管理

日常做好巡田工作。每天坚持早、中、晚巡田3次。泥鳅不喜强光，喜在水稻下栖息，要密切注意田水的水质变化，观察泥鳅的活动情况。如发现浮头现象，要及时采取措施，注入新水占田水的1/5左右。加注时最好采用明渠注水，让其充分曝气、增温、增氧，以增加田水的溶氧量。仔细检查进、排水的防逃网和防护网有无破漏洞，发现漏洞及时修补，以防止泥鳅逃逸和天敌的侵入。

五、常见病防治

（一）疾病种类

泥鳅的常见病害，有车轮虫、舌杯虫、三代虫等寄生引起的疾病。细菌感染引起的赤皮病、腐鳍病、烂尾病，以及由水霉感染引起的水霉病等。

（二）防治措施

鳅苗消毒，用3%的食盐水浸洗5～10分钟后分点投放田中。养殖过程中，每隔1个月用生石灰水（干石灰2千克/亩）沿环沟泼洒，用于防治泥鳅疾病、寄生虫病。如车轮虫和舌杯虫，一有发生，可在稻田内泼洒0.5克/米^{3}的硫酸铜和0.2克/米^{3}的硫酸亚铁合剂进行防治。

六、收获方法

11月左右，是秋高气爽鳅肥稻黄丰收季节。此时不但是稻子丰收的时候，也是泥鳅营养价值最高的时候，为收稻捕鳅的良机。

（一）水稻收获

在米粒失水硬化、变透明化的完熟期及时收获。

（二）泥鳅捕捞

泥鳅捞捕以水稻收割后为宜，水温20℃时，在进水口的地方，铺上网具，利用泥鳅有逆水特性，从进水口放水，待一定时间后将网具提起捕捞泥鳅，还可以采取饵料诱捕或放干槽沟水的方法起捕泥鳅。此时，要顺便把田螺捡拾好，一起存放或销售。

七、讨论

利用食用废菌棒养殖蚯蚓，再用蚯蚓进行稻田生态养殖泥鳅，既能充分利用稻田的生产潜力，又能利用养过蚯蚓的菌棒料土为稻田施肥。起到既节约饲料、肥料和农药，又可减轻水体的富营养化程度，更有利于改善生态环境，提高水产品、水稻的质量。利用蚯蚓进行稻田生态养殖泥鳅技术，是充分利用生物间相克相生的食物链原理，变废为宝，良性循环，是一举多得的好方法。采用这种生态养殖模式，既保护了生态环境，生产出了绿色农产品，又有显著的经济和生态效益，是一项值得大力推广的水产养殖节能减排新技术。

稻鳖共生综合种养技术

安徽宣城是鱼米之乡，渔业发展一直呈现平稳增长趋势。传统渔业生产模式主要以鱼品种单养、套养、混养为主，如今渔业生产方式发生了巨大改变，尤以种养方式“渔业+种植业”技术结合发展迅速。该方式主要以浅水鱼类和水陆两栖类为主，生产呈现规模化、机械化发展态势。利用水稻田养殖甲鱼，稻鳖共生，生产的米是有机大米，销售的甲鱼接近野生。稻鳖共生模式大大地提升了产品品质，降低了生产成本，提高了农民收入，保护了生态环境。

一、选择田址

选择水质清新无污染、靠近水源、水源充足、远离山坳出口的水田；水田土壤以沙壤土最好，不渗漏、保水力强、透气性好；电路畅通，交通方便，便于运输。一般以5～10亩为宜。

二、修整稻田

修整稻田是为了稻田既能种稻，又能养甲鱼。稻田修整呈长方形，东西走向。在稻田纵向筑渠，沟渠两侧留取空旷场地，沟渠面积占稻田面积的10%～20%。沟渠要设置在稻田正中间，渠深1～1.5米，渠边设置成缓坡，沟渠区域与种稻区域要用隔板隔开。

三、防护设备

在稻田四周田埂外侧加设防护设施，如水泥板、防护网等，以防逃、防敌害。防护设备水泥板应高出地面0.5～1.0米，深埋入土30～50厘米，内壁光滑；若是防护网，还要在网的上端向稻田内出檐10～15厘米，成Γ形，以防成鳖上网或挖洞逃逸，同时也可防御敌害，如蛇、猫、黄鼠狼等侵袭。

稻田要设置进、排水口，设在对角线上，进、排水口要用铁丝网固定防护。

四、消毒施肥

稻田消毒采取冬季冰冻曝晒消毒。稻子收割完后，将稻田深耕灌浅水，整个冬季稻田灌水和控水保持交替变化，以达到消毒杀菌的目的。翌年3月上旬，将发酵腐熟的人畜粪以每亩800～1 000千克做基肥使用；插秧前根据土壤肥沃程度，可适量施用发酵腐熟的鸡屎粪作为追肥使用。

五、选择稻种

选择生长期长、植株高、抗倒伏的单季稻品种。该技术选用的是“新两优6号”单季稻品种，秧龄30～35天。4月中旬大棚保温育秧，5月中下旬使用插秧机机械化插秧，行距30厘米、株距22厘米。

六、放养甲鱼

选择健康、体表光洁、无伤残、体型正常、活跃的甲鱼投放。甲鱼规格150～250克，每亩投放150只，一般在机插秧20天后投放甲鱼。甲鱼投放稻田前必须消毒，用2.5%～3%浓度的食盐浸泡5分钟捞起，沥干盐水后投放。

七、诱虫灯设置

在稻田内空白处有水的地方如田埂四周、中间沟渠处，每间隔20米放置1盏诱虫灯，自甲鱼投放稻田每天傍晚开启，以提供甲鱼采食新鲜的昆虫活饵料。

八、沟渠利用

沟渠是甲鱼的暂时栖息场地和生产鲜活饵料的地方。

九、结果与收益

采用稻鳖共生模式，稻田不需要使用任何农药化肥，包括生物农药，甲鱼也不需要用药物防治疾病。另外，在生产中很少发现甲鱼受伤生病，偶尔发生了甲鱼体表受伤但不严重，很快就能结痂愈合，几乎没有死亡的。该模式生产的稻谷都是有机稻米，除去养殖沟渠面积，实际用于种稻面积只有80%～90%，每亩稻田产出有机稻250千克，均价为6～8元/千克，有机稻每亩收入达到1 500元以上。

利用稻田养殖，甲鱼生长速度快，成活率高。有的甲鱼增重可达到500克以上，回捕率达到90%。因稻田饵料丰富、品质高，甲鱼活动空间大，无药物和环境污染，养殖的甲鱼质量好，体质健壮，抵抗力强，体色鲜亮，近似野生。每千克甲鱼售价240～300元，平均每亩甲鱼收入约1.8万元。

稻鳖共生模式下，稻田不需要打农药除杂草，也不需要施化肥。水稻插秧收割都是机械化操作，节省了很多劳动力人员，降低了生产成本，亩均收益8 000元左右。

十、讨论与分析

（1）稻鳖共生种养结合技术，是利用甲鱼能以水稻害虫如褐稻虱、卷叶虫等昆虫作为饵料食用以及甲鱼排泄物、食物残渣能被水稻根系吸收利用所采取的一项综合技术。一方面，水稻成为甲鱼天然保护屏障，甲鱼可以在田内摄食昆虫，使水稻免遭虫害，保护其正常生长；另一方面，甲鱼的粪便直接排泄到稻田，被水稻根系吸收，不需要清理甲鱼粪便和考虑甲鱼粪便污染水质问题，也不需要再给水稻施肥，极大地降低了生产成本。另外，甲鱼每天都在稻丛中生活，爬来爬出，既能把稻田内的杂草清除掉，又疏松了稻田土壤，防止土壤板结。

（2）稻鳖共生符合国家农村土地政策，是适度规模化、机械化、科学化的农业生产方式之一。该模式规模适度，非常适合种养大户、家庭农场、农民专业合作社等新型农业经营主体从事农业生产。从稻田泥土翻耕、插秧、水稻收割都是应用机械设备操作，不仅节约劳动力，生产效率高，而且改变以前种养模式以人工操作为主的生产方式，特别是水稻收割、插秧耗费了大量的劳动力。该模式是农业种养结合技术的提升，有力推进了种养业结合规模化机械化发展。

（3）种养技术结合发展农业生产，是充分利用植物与动物之间的习性和生物链及生态环保之间的关系，发展生产，提高农业效益。在实际生产过程中，要根据农田整体规划要求，选择农田聚集稀疏的田块，最好是与林地、耕地相近的无水质污染的稻田，避免在工厂、学校、主要交通道路附近的稻田，避让有高大建筑物、古树的稻田，给甲鱼创造一个舒适的外部环境。

（4）“庄稼一枝花、全靠肥当家”，在稻鳖共生模式下，水稻与甲鱼生长相互促进、相辅相成，水稻在插秧至收割整个过程中不施肥。如何解决水稻缺肥问题是水稻能否高产的关键，水稻施肥完全依靠甲鱼排泄物是不够的，这就要施足基肥。根据稻田测土配方方案，结合以前田块种植效果和现种植水稻品种对土壤的要求，本着“缺什么、补什么”原则，一次性施足基肥，特别是发酵腐熟的农家肥最好。

（5）水稻、甲鱼与稻田面积比例要适宜。现代农业的发展基本上是机械操作，人力劳动较少。水稻秧苗都是使用插秧机插秧，均匀秧苗行株距，严格控制稻株密度，每亩在1万穴以下。同时，根据水稻品种和其长势情况，人为挖起稻株移栽，使稻田行距保持在一定的宽度。甲鱼放养密度特别重要，不能过大。

每亩放养50只，再做好防逃防敌害措施，平均增重达到500克以上，回捕率达到99%以上；每亩放养150只，甲鱼能较充分利用稻田空间和水稻田内昆虫等生物，水稻和甲鱼生长都良好，种养经济效益明显提高。

（6）精管理、细观察。日常管理很重要。一是水质水位管护。要兼顾水稻和甲鱼的生长特点，科学调节水位，控制水温，保持水质清新无污染。二是根据甲鱼摄食量，采取有效措施，确保甲鱼不饥饿、不打架，不相互争食抢食。三是严格控制甲鱼放养密度。凡是放养密度低的甲鱼长势好，野性强，个体大，发育整齐，颜色鲜亮，体表无伤疤，回捕率高；凡是养殖密度高的甲鱼，体色较差，回捕率不高，个体发育不均匀，身体伤疤较多。四是根据土壤性质，适度控制稻田空水期，即烤田，又称晒田。在稻田空水期间，要兼顾水稻和甲鱼的生长，统筹考虑，综合实施。也可根据甲鱼个体大小和放养数量，拆除稻田中间沟渠外围隔网，让甲鱼自由进入沟渠内。五是不允许对稻田喷洒农药和施放化肥。农药能杀虫，对稻棵起保护作用。但是，增加了稻谷的农药残留，降低稻谷品质，更重要的是对甲鱼具有很强的杀伤力。因此，稻鳖共生对稻田喷洒农药是绝对禁止的。施化肥也是对甲鱼有伤害的，也包括一些生物肥料。如何解决稻田喷洒农药和施肥问题，这是一项综合性技术，要根据稻田实际情况，因地制宜。同时，要控制稻穴数量和甲鱼密度，合理利用稻田中间的沟渠，充分发挥沟渠在水稻和甲鱼生长过程中作用。

（7）合理利用稻田空间。稻田四周的田埂要修整成坡形，具有一定的坡度，坡向内，供甲鱼晒背。在坡内侧靠近水面的地方设置诱虫灯位置，专门用于放置诱虫灯。诱虫灯的开启，根据季节、天气和稻田水位情况，及时调整诱虫灯。另外，在田埂内侧设置采食台，作为及时给甲鱼补饲的场地和观察甲鱼采食、生长的一个重要区域。

（8）稻田沟渠利用。沟渠是稻田养殖甲鱼的缓冲间，在生产过程中发挥作用非常大。在稻田甲鱼密度较高、饵料食物短期匮乏、烤田、水稻收割机械化作业以及日常管理常常都需要这个缓冲间。稻田沟渠一般在早期要种植水草，如伊乐藻、灯笼薇草等，养殖小鱼、小虾和螺、蚌等底栖动物，能方便及时给甲鱼补饲新鲜饵料。

（9）防逃防敌害不能忽视。甲鱼在养殖过程中，一定要做好防逃防敌害等防护措施，加强日常管理，否则会前功尽弃。甲鱼能攀爬能钻土打洞，因此，在田埂四周要设置牢固的防逃设备，防止逃逸。同时，在沟渠旁的隔离设施也要管护好，在人为作用下限制甲鱼活动范围。甲鱼天敌很多，如田鼠、蛇、猫等动物，要驱赶和捕捉，不让敌害靠近稻田捕杀甲鱼。

（10）稻鳖共生技术易学好懂，水稻插秧和收割都是机械操作，能节省大量劳动力，经济效益较高，相对稻、蟹苗、泥鳅“三位一体”种养结合模式成本也较高。因此，在现代农业发展迅速、土地流转不断加速、种养结合技术融合不断密切的前提下，种养大户、家庭农场、农民专业合作社等新型农业经营主体应加快应用推广步伐，发挥示范带动作用，帮助农民致富兴业。

稻蟹鳅“三位一体”综合种养技术

所谓“三位一体”种养结合模式，是指水稻、大眼幼体蟹苗、泥鳅亲本共同在同一块水田里生长，充分利用其生物链和食物链关系，达到互利共生、高产、高效、生态健康的种养结合模式。水田内种稻、养蟹、放养泥鳅能节约养殖空间，净化水质，清除害虫杂草，减少污染，提供天然饵料，建立了良好的生态环境，提升产品质量，促进渔民增收，提高经济效益。利用种养品种之间能共存共生、优势互补等特点，开展该模式的试验研究，取得了明显的效果。采用试验稻田共5亩，产出有机稻谷1 375千克，实现产值8 250元；扣蟹575千克，产值31 625元；泥鳅225千克，产值11 250元。亩产值合计10 225元，亩均收益5 487元。

一、基础设施、材料与方法

（一）选择稻田

选择水质清新无污染、水源充足、靠近水源的水田；水田土壤以壤土最好，不渗漏、保水力强；交通方便，便于运输，一般以3～5亩为宜。

（二）修整稻田

稻田既要能种稻，又要能养殖水产品。要对稻田进行修整、挖沟筑渠，做到沟渠相连、相互贯通。要在稻田内挖成井字形沟渠，围沟沿田埂内侧2米处开挖，围沟宽2～4米、深0.6～0.8米，围沟内还可以挖支沟。种稻面积一般在30%～50%。

（三）采用防逃措施

为防止蟹苗外逃，要在稻田四周加设防逃设施，如塑料膜、水泥墙等。塑料膜防逃设施制作方法：将宽度为63厘米塑料膜沿田埂中间铺设1周，每隔1米左右用木桩或竹片支撑，木桩在塑料薄膜的外侧，以防蟹苗攀爬。塑料膜上沿用铁丝或尼龙绳缝合后固定在木桩上，下沿埋入土里10～15厘米，并将塑料膜向田内侧稍微倾斜，塑料膜内外用土铺平夯实，防止蟹苗打洞逃逸。

稻田要有进、排水口，位置设在对角线上。进、排水口要用聚乙烯网布密封，防止蟹苗和泥鳅苗从进、排水口逃跑以及蛙卵、野杂鱼等通过进水口进入稻田。

（四）培育水质

稻田经过冬季的干冻日晒消毒后，3月上旬，将发酵腐熟的鸡屎粪每亩500～800千克做基肥使用；自4月中旬开始，将发酵腐熟的鸡屎粪按每亩25～200千克分点堆放肥水，以达到培育水质的目的。

（五）放养泥鳅亲本

泥鳅属温水性鱼类，适宜水温15～34℃，最适水温24～30℃。当水温降到5℃以下或高于35℃时，便潜入泥中休眠。在3月下旬或稻种下田前，放养泥鳅亲本。泥鳅亲本来源于宣城市天然湖泊南漪湖，体质健壮无病无伤，3龄以上，雌鱼体长15厘米以上、雄鱼体长10厘米以上，体重15克以上。每亩放养亲本45～50尾，雌、雄比例为2∶1。放养前用3%的食盐溶液浸泡10分钟，消毒后投放入田。

（六）种植水稻

2012年选用“皖粳35号”稻种，因该稻秆在稻子成熟时承重力较弱，收割较困难，故2013年选用了“丰两优1号”。“丰两优1号”生长期长、植株高、抗倒伏，5月上旬催芽点播，每亩用种量为0.5～1.0千克，秧龄30天。

（七）放养蟹苗

在稻种点播7天后，放养大眼幼体蟹苗，每亩稻田放养1.0～1.25千克。蟹苗规格整齐，生命力强，每只大眼幼体蟹苗体重8～9毫克。

二、结果与收益

（1）该模式生产有机稻每亩275千克，若除去养殖沟渠面积，实际用于种稻面积只有30%～40%。利用种养结合模式生产的有机稻均价为每千克6元，有机稻每亩收入达到1 650元。

（2）泥鳅繁殖通常在4～9月，5～7月为繁殖盛期。当水温达到18℃时，泥鳅亲本便开始繁殖。泥鳅卵具有黏性，自然附着在稻叶上。孵化期根据水温不同时间有所差异，当水温在20℃时，2天即可孵出仔鱼；当水温在25℃时，25小时就孵出幼苗。初孵仔鱼体长0.2～0.25厘米。为降低稻田养殖密度，增加收益，鳅苗生长到20天后即可采捕。从6月开始，根据鳅苗密度可以一直采捕到9月结束，剩下的鳅苗在原稻田养殖商品泥鳅出售。采捕鳅苗和泥鳅，可用蔑制泥鳅笼捕捞，傍晚将泥鳅笼埋入田间沟渠内，泥鳅笼前口贴近泥土，泥鳅笼尾巴露出水面，呈斜插式放置水中。出售鳅苗和商品泥鳅，每亩收入约2 250元。

(3) 蟹苗一般在翌年1～3月捕捞出售，每亩能捕到规格扣蟹115千克，亩产值6 325元。

三、小结与分析

(1) 水稻、大眼幼体蟹苗、泥鳅亲本“三位一体”种养结合模式，是水产养殖业和种植业在人为条件下进行的，是三者在能共生条件下探索种养品种、最佳种养密度及其规格、比例等要素，是三者在整个生长、繁殖过程中科学调配饲料或肥料、病虫防治与共存条件之间的关系。本模式是一项以种养业结合的综合性生产技术发展模式。

(2) “三位一体”模式关键是，在人工的作用下，建立了新的生态系统。稻田养蟹苗和泥鳅，能清除田中的杂草，防治土壤板结、促进水稻根系发育和分蘖，保持水质清新，防止因施肥等原因造成水质变坏提供害虫生长繁殖的场所和环境，具有清除大部分害虫如消灭稻叶蝉、螟虫、稻飞虱等功能，特别是水稻虫害较重时，可将稻田水位加高，让蟹苗和泥鳅能摄食稻秆和稻叶上的害虫而不再使用药物杀虫。泥鳅和蟹苗的排泄物可供水稻吸收，促进水稻生长。同时，水稻为蟹苗和泥鳅的生长提供丰富的天然饵料和良好的栖息环境，互惠互利，相互依存，形成人为创造的生态小环境。

(3) 2012年放养鳅苗，直接养殖成商品泥鳅出售，鳅苗的成活率不高，捕捞时产量较低，经济效益不高。经过2012年度后，2013年度改为泥鳅亲本在原稻田繁殖鳅苗养殖，不但提高了鳅苗的成活率，而且可以根据养殖密度，及时捕获鳅苗出售，又可以养成商品泥鳅出售，增加了经济收入，提高了经济效益。2012年与2013年养殖情况对比，在该模式下养殖鳅苗与泥鳅亲本繁殖鳅苗的成活率，可能与鳅苗环境适应性有关。

(4) “幼苗生病多或少，就看杀菌好不好”。对于幼苗生长环境，稻田消毒杀菌尤为重要。该模式采用土壤深耕曝晒冷冻法，方法是在稻子收割后，将稻田水放干沥水，然后深耕翻土，利用严冬低温和阳光曝晒，适量使用生石灰，达到杀死病菌的目的。

(5) 水稻生长主要靠基肥，基肥要肥力持久、肥效释放均匀、不能恶化水质、产生污染。本试验使用的是发酵腐熟的鸡粪。使用鸡粪做基肥应把好“六关”：一是严格控制用量；二是严格控制投放时间；三是最大化作底肥使用；四是科学划分养殖区域，分区域小量投放；五是严格控制水位，但养殖过程中稻田沟渠必须保持一定的水位；六是密切关注水质变化等。

（6）水稻种植面积不能太大，行距、株距不能太小，否则影响蟹苗和泥鳅的生长环境。水稻尽量不施肥或少施肥，不能使用除草剂和各类杀虫药物，确保养殖安全和产品质量。根据水稻种植面积和稻田沟渠情况，采取农业机械化收割水稻难度大，且容易破坏养殖基础设施伤害泥鳅和蟹苗，因此，水稻收割采用人工操作。因目前农村劳动力大量转移到城市务工，造成农村劳动力紧缺，人工收割水稻导致成本提高，这是本试验模式正在解决的一个主要问题。

（7）投放大眼幼体蟹苗前一看水质，二看水生生物。确保蟹苗一下稻田就可以摄食到大量的适口饵料，有利于蟹苗适应环境和提高成活率。培育蟹苗要把握“三控”：一是控制饵料饲喂量，防止因营养过剩造成蟹苗规格过大，一般日投量为蟹苗重的3%～5%；二是控制稻田水温，特别是夏季高温天气，因稻田水位低，单位面积水温相对较高，容易造成蟹苗消化不良和病亡；三是控制放养密度，防止因饵料不足和生长空间较小，影响蟹苗生长和蜕壳，容易形成俗称“小老蟹”，即僵蟹和病死蟹。

（8）要做好防逃、防敌害。防逃设施主要是稻田四周塑料膜和进、排水口及田埂牢固程度等要经常检查和维修；敌害如野杂鱼、飞禽、水蛇、青蛙卵等，日常要做好巡查防范工作。

（9）稻、蟹苗、泥鳅“三位一体”种养结合模式，在养殖生产过程中以大眼幼体蟹苗养殖为主，包括投饲、水质水位调节、密度调控、生态环境保护等。该模式投资少、风险小、综合管理强、产品质量优、经济效益高等优点，改变了以往单一的种植业和水产养殖业结构，优化了农业产业发展，实现了不同行业之间的科学结合与利用。经过两年的实践表明：该模式对于促进渔民增收、渔业发展、农业新型经营主体培育具有很好的促进作用，应加以推广应用。

稻田甲鱼生态养殖技术

甲鱼，是含有丰富的蛋白质、氨基酸、维生素和矿物质的水产珍品。其肉质细嫩、味道鲜美，素有“美食五味肉”的美称。它不仅是菜中精品，还是很好的滋补品，深受广大消费者青睐。黄河下游盐碱地多，过去闲置不用。经过改良后，现在人们引用黄河水，种上了水稻，并模仿甲鱼自然的生长习性，在稻田里搞起了生态甲鱼养殖。这既充分利用了土地，又生产出了色、香、味俱佳的有机甲鱼和无公害大米，取得了很好的经济效益。

一、田块选择与配套设施建设

（一）田块选择

养殖甲鱼的稻田要地势低洼、水源充足、无污染、排灌方便、水体pH呈中性或弱酸性为宜。

（二）防逃设施

甲鱼生性好动，而且有一定的攀高能力，可在稻田的四周用混凝土、砖头砌成高100厘米的围墙，防止甲鱼外逃。同时，避免甲鱼受到蛇、老鼠、癞蛤蟆等天敌的伤害。在进、排水口，可放置用竹篾编成的宽80厘米、高100厘米、孔隙为3厘米的拱形拦栅。这样，甲鱼钻不出去，也有利于进水与排水。

（三）开挖水沟

在稻田的一边开挖2～3米宽、1米深，南北向的水沟，供甲鱼休息和隐蔽躲藏时用。沟的总面积约占稻田面积的10%左右。水沟边上建沙滩，供甲鱼晒背时用。根据需要，也可以在每块稻田里挖环形沟和田间沟。

（四）清整消毒

清除杂物、曝晒烤田后，用生石灰100千克/亩兑水全田泼洒，进行彻底消毒。7～10天后向池塘内加水，水深20～30厘米。

二、插稻秧，放养甲鱼

（一）插秧

为了让甲鱼长得好，除了在稻田中为甲鱼挖1条宽大的深水沟外，在插秧的时候，可把秧苗都插成了宽窄行。宽行间距为60厘米，窄行间距为30厘米。这样，甲鱼的活动范围相对来说大了许多，即使到了水稻分蘖抽穗期，仍然留有较大的活动空间，对甲鱼的活动和四处觅食非常有利。

宽窄行使稻田里的光照增加了。对喜欢晒背的甲鱼来说，太阳光中的紫外线可以杀死其身体表面的细菌和寄生虫。晒背还能提高甲鱼的体温，促进食物消化。

宽窄行的通风效果，也比常规稻田要好。这样水中的溶氧量比常规稻田多，对甲鱼的生长很有利。

宽窄行不光对甲鱼有好处，对水稻的生长也是有帮助的。虽然水稻的株数少了，但它自身长得很粗壮，出的稻穗比一般的稻穗要大，粒数也多。与用常规方法栽培的比起来，产量并不低。

光合作用强度大，水稻产量高。而通风良好，则能降低水稻叶面的湿度，减少了水稻纹枯病、白叶枯病和稻瘟病的发生。

（二）甲鱼放养

要想养好甲鱼，选好苗种十分关键。所选的甲鱼苗种要行动敏捷、体质健壮、抗病力强、规格整齐。一般每亩放养甲鱼600～700只，规格为100～200克/只。雌、雄比例为2∶1或3∶2。为了减少甲鱼因争斗而受伤带来损失，甲鱼长到100克时，也可以把雌、雄甲鱼分开养殖。此时，雄甲鱼的尾巴长，会露到裙边以外；雌甲鱼的尾巴短，只在裙边以内。

插完水稻20天左右，就可以放养甲鱼苗了。放养前，需进行消毒处理，以杀死存在于甲鱼体表的寄生虫或病菌。一般可用3%～4%的食盐溶液进行浸浴消毒5～10分钟，或用10～20毫克/升的高锰酸钾溶液浸洗20分钟。

在气温、水温都较高，天气晴好的中午，将装有甲鱼的箱或筐轻轻放到水边，让甲鱼自行爬出，游入水中。放养时，温差不能超过2℃。这样可以大大提高甲鱼苗种的成活率。

春季放养前，可向稻田中适量投放消过毒的河蚌、螺蛳、小鱼、小虾等，让其自然繁殖。作为甲鱼的天然饲料，一般亩放250千克。

三、科学投喂

水温上升到20℃左右时，甲鱼开始摄食。这时可投喂少量饲料，进行驯化，使甲鱼尽快开食，以延长其生长期。甲鱼是以肉食为主的杂食性动物，主要以小鱼、小虾、螺、蚌和水生昆虫为食。投喂的饲料，是动物性饲料（鲜活鱼等）

搭配植物性饲料（麸类、饼类、南瓜等）及配合饲料。其中，鲜活鱼的比例占到20%左右，可在饲料中适当添加青菜、果皮、胡萝卜等新鲜果蔬。这些食物可补充维生素、矿物质及微量元素，使甲鱼健康生长。

投喂要按照“四定”原则，即定时、定量、定质、定位进行。投饲量应根据天气、水温和甲鱼的摄食情况灵活掌握。投放到稻田里的最好是能够漂浮在水面的浮性膨化颗粒饲料，这样能及时了解甲鱼的饥饱情况。

投喂的饲料要营养、新鲜、无污染、无腐败变质。不管投喂哪一种饲料，饲料中都不能添加任何促生长素、激素或抗生素。

投放的饲料保证能把甲鱼喂七分饱即可。甲鱼吃不饱，就会自己到稻田里去找天然的螺蛳、小鱼、小虾和水稻害虫等野生食物吃。甲鱼的食物丰富，营养全面，活动量大，体质就增强了。因而生长速度快，体态匀称，背甲有光泽，裙边宽，肌肉结实，很少生病，品质就变得更自然、更接近野生的风味了。

四、水、肥管控

在水质管理上，每7天要加注1次新水，使田间水深保持20厘米左右。高温季节在不影响水稻生长的情况下，尽量加深水位，防止水温过高。水质要始终保持肥嫩、清爽。

在池塘中常年养甲鱼以后，甲鱼排出来的粪便，或者是吃不完的饵料都留在甲鱼池里面，就会产生各种病菌和有害物质，水质很快会变坏，甲鱼容易生病。而在稻田里养甲鱼，甲鱼排出来的粪便和剩余饵料都被水稻用上了，成了上好的有机肥料。在这样的稻田里，水稻即使不施肥，也长得很好。含有机质的肥料被水稻吸收后，水质就得到到很好的改善，减少了甲鱼病害。同时，水稻上的害虫，甲鱼很喜欢吃。水稻上不用施肥、打药，最大限度地保护了稻田里的甲鱼。稻田里养甲鱼，是一个两全其美的好办法。

五、小结

甲鱼、水稻共生模式，是一种养殖和种植兼顾且两利的新型种养模式。这种种养模式既保持了野生甲鱼的优良品质，同时又能生产出无公害大米，大大提高了土地的利用率，而且形成了良性循环，做到了绿色、生态养殖和种植。它将科学养殖和科学种植有机结合，实现了高产、优质、高效的养殖和种植目标。

鳖虾鱼稻生态综合种养技术

鳖虾鱼稻生态种养技术，是湖北省水产技术推广中心在传统的虾稻连作技术和稻田养鳖技术基础上，提出的鳖、虾（小龙虾）、鱼、稻在同一稻田生态系统内共生互利，种植、养殖相互促进，综合效益大幅提升的一种新技术模式。

一、材料与方法

（一）材料

1. 稻田条件　稻田交通方便，农户住处较近，便于管理；地面开阔，地势平坦；水量充足，水质清新无污染，排灌方便；土质为壤土，田底肥而不淤，田埂坚固结实不漏水。

2. 稻田的改造与建设　稻田的改造与建设内容，主要包括开挖环沟、田间沟，加高、加宽田埂和完善进、排水系统等。当年3月19～26日，利用挖掘机沿稻田内侧开挖环形沟和田间沟，环形沟和田间沟面积占稻田总面积的10%。其中，环形沟宽3米、深0.8米；田间沟宽2米、深0.6米；四周田埂加高1米、埂宽达2米，确保田埂夯实，不裂、不垮、不漏水，同时，安装好进、排水管道。

3. 建立防逃墙　当年4月1～13日，在四周田埂上安置防逃设施。材料为石棉瓦，埋入土中30厘米、露出地面60厘米，同时，每隔2米用竹桩进行固定，确保风吹不能倒塌。四角转弯处用双层瓦做成弧形，以防鳖、小龙虾攀爬外逃。

4. 晒台、饵料台设置　鳖有晒背的生活习性，因此，稻田内必须设置晒台。晒台和饵料台合二为一，具体做法是：在向阳沟坡处每隔10米左右设1个饵料台，饵料台采用石棉瓦搭建，台宽0.5米、长2米，饵料台长边一端搁在环沟埂上，另一端没入水中10厘米左右。饵料投在露出水面的饵料台上。为防止夏季日光曝晒，在投饵台上要搭设遮阳篷。

5. 品种选择　鳖种为纯正的中华鳖，规格为400克/只左右，体健无伤，不带病原；虾种选择的是规格为25～35克的大规格小龙虾种虾；鱼种选择的是异育银鲫，规格为50克/尾左右。放养时苗种都经消毒处理。根据鳖规格及其起捕季节，结合土地肥力，选择的水稻品种是抗病虫害、抗倒伏、耐肥性强、可深灌的紧穗型品种屯优668号。

6. 饵料来源　饵料完全采用天然饵料，包括稻谷秸秆还田产生的有机质、稻田内的害虫及虫卵、投放到稻田内的活螺蛳、繁殖出的小龙虾幼虾以及切碎的新鲜白鲢肉等。

（二）方法

1. 种植水草　环沟、田间沟挖好5天后，开始加水并在沟内种植水草，选择的水草品种是轮叶黑藻和水花生，栽植面积大约占沟面积的25%。种植水草既能改善水质、为小龙虾提供饵料，又能为中华鳖、小龙虾和异育银鲫提供遮阴和隐蔽的场所。

2. 投放活螺蛳　在稻田中适时适量投放活螺蛳，任其自然繁殖，能有效降低稻田中浮游生物量，起到净化水质、维护水质清新的作用；螺蛳营养丰富，利用率较高，是中华鳖和小龙虾最喜食的理想优质鲜活动物性饵料，能为中华鳖和小龙虾的整个生长过程，源源不断地提供适口的、富含活性蛋白和多种活性物质的天然饵料，可促进中华鳖和小龙虾快速生长，增加产量、改善品质，提高中华鳖和小龙虾上市规格，从而提高种养户的经济效益。总共在稻田环沟和田间沟内投放了400千克活螺蛳。

3. 水稻栽插　插秧前用足底肥，以有机肥为主，少施追肥。秧苗在7月18日人工栽插，40人用一天时间栽完。秧苗栽插时采用宽窄行栽秧的方法，栽插密度为30厘米×15厘米，以便于1千克左右的成鳖在稻田间正常活动。稻秧插播后，尽可能不使用农药，确保水产品安全。

4. 苗种的投放　投放的鳖种为温室培育的鳖种，投放时间为6月18日，密度为每亩稻田83只。虾种投放时间为头年8月，投放量为每亩稻田10.4千克。虾种在翌年已经繁殖出大量幼虾，幼虾一方面可以作为鳖的鲜活饵料；另一方面可以养成商品虾进行市场销售，增加收入。异育银鲫鱼种的放养时间为6月24日，密度为每亩稻田167尾。

5.日常管理

（1）饵料投喂　由于鳖为偏肉食性的杂食性动物，为了提高鳖的品质，除了补充活螺蛳外，所投喂的饵料均为低价的新鲜鲢鱼块或小鱼。6月18日鳖种下田后没有直接投喂，让鳖种处于饥饿状态，7月2～6日悬挂鲤驯食，每天30尾。7月7日开始设饵料台，投喂新鲜鲢鱼块或小鱼。根据中华鳖的活动和摄食情况，视天气变化、水质变化、季节变化等情况决定饵料投喂量，投饵量按中华鳖总体重的5%～10%计算，每天投喂1～2次，每次要求1.5小时左右吃完。当水温降至18℃以下时，停止饵料投喂。小龙虾和异育银鲫，可以利用田中蚯蚓、摇蚊幼虫、水蚤和杂草等天然饵料生物，不必专门投喂。

（2）水位控制与水质调控　4～6月在水稻未移栽前，稻田水位控制在60～100厘米，以便小龙虾生长、捕捞；7月初，为了方便耕作及插秧，将稻田裸露出水面进行耕作，插秧前将水位提高到高于田面10厘米左右；7～9月在稻谷晒田之前，稻田水位控制在20～30厘米，以便鳖在田间活动，起到除虫、除草的作用。苗种投放后，根据水稻生长和养殖品种的生长需求，逐步增减水位。水稻分蘖前，用水适当浅些，以促进水稻生根分蘖，水稻拔节期适当加深水位。养殖前期每隔3～5天注水1次，中、后期每周注水1次，每次6～10厘米；同时，每隔20～30天施用益生菌微生物制剂，维护水体微生态平衡，给养殖品种提供健康、生态的生活空间。在高温季节，要加深水位，防止水温过高及养殖品种缺氧。

（3）水稻浅水灌溉与晒田　水稻浅水灌溉和晒田促根，是其高产的必需措施，但与养殖水产动物有一定矛盾，所以只有妥善解决浅水灌溉、晒田与水产动物养殖的关系，才能确保水产、水稻双丰收。

浅水灌田，即稻生长前期要求浅水，此时水产动物苗种较小，由于稻田内开挖了环沟和田间沟，一般对水产动物影响不大。以后，随着稻、水产动物生长逐渐加深水位，都能生长良好。

晒田在水稻插秧后1个月左右进行，因为要求降低水位，因此对水产动物养殖也有一定影响。但水稻根有70%～90%分布在20厘米之内的土层，由于稻田内有环沟（深80厘米）、田间沟（深60厘米），晒田时降水20厘米，环沟和田间沟仍有60厘米和40厘米的水深，加上田晒好后，及时恢复原水位，对水产动物影响不大，同时也促进了水稻根系生长。

（4）勤巡田　每天检查田埂和进、排水闸周围是否有漏洞，防逃设施是否有损坏。经常观察水产动物活动情况和水稻田水位是否合适，进排水口、环沟和田间沟是否畅通。注意及时换水，定期施用微生物制剂，保持水质清新。

（5）鳖、虾、鱼捕捞　5月下旬开始，将达到商品规格的小龙虾捕捞上市出售，未达到规格的继续留在稻田内养殖，降低稻田内小龙虾的密度，促进小规格的小龙虾快速生长。小龙虾捕捞的方法是，用虾笼和地笼网捕捉。11月中旬以后，将鳖和鱼捕捞上市销售。鳖和鱼的收获主要采用干塘法，即先将稻田的水排干捕鱼，等到夜间稻田里的鳖会自动爬上淤泥，这时用灯光照捕鳖。

二、结果

稻田48亩，共投鳖种1 600千克，开支121 600元；投放大规格小龙虾亲本

500千克，开支24 000元；投放异育银鲫苗种400千克，开支4 000元；稻种25千克，开支1 300元；投喂活螺蛳、鲢鱼块及小鱼等饵料16 880千克，开支84 000元；开挖环沟、田间沟1 500米，开支9 000元；防逃设置、建生活房、水电配套等开支36 300元，按使用5年折旧计算，年均开支7 260元；电费开支2 500元；微生物制剂、种植水草开支1 800元；稻田租金开支9 600元；稻田耕作、插秧收割、管理等人工工资开支45 000元；合计开支310 060元，亩平均开支6 460元。

收捕中华鳖4 185千克，产值669 600元，中华鳖亩产87.2千克；收捕小龙虾2 296千克，产值74 325元，小龙虾亩产47.8千克；收捕异育银鲫2 640千克，产值31 680元，异育银鲫亩产55.0千克；收获稻谷21 840千克，产值58 968元，稻谷亩产量455.0千克；总产值834 573元。收支相抵，中华鳖、小龙虾、异育银鲫、稻谷合计纯收入524 513元，亩平纯收入10 927元。具体收益情况见表1。

表1　试验点收益情况

	品种	产量（千克）	产值（元）
收入	中华鳖	4 185	669 600
	小龙虾	2 296	74 325
	异育银鲫	2 640	31 680
	稻谷	21 840	58 968
	合计		834 573
开支	项目		金额（元）
	鳖种		121 600
	虾种		24 000
	鱼种		4 000
	稻种		1 300
	饵料		84 000
	开挖环沟、田间沟		9 000
	防逃设置、生活房、水电配套		7 260
	电费		2 500
	微生物制剂、水草		1 800
	稻田租金		9 600
	人员工资		45 000
	合计		310 060
	纯利润		524 513
	亩利润		10 927

三、结论与分析

（1）种养过程中除了秧苗栽插前使用有机肥外，其余阶段未使用任何化肥，水稻生长情况较好，认为主要是鳖、虾和鱼的排泄物，为水稻的生长提供了大量优质有机肥。

（2）本种养过程中由于稻田内没有杂草，因此未使用除草剂。认为稻田内没有杂草的主要原因在于：①杂草刚发芽就被小龙虾吃掉；②鳖为爬行动物，在稻田内不断活动，具有明显的中耕和疏松土壤的作用，控制了杂草的生长。

（3）本种养过程中由于稻谷未出现虫害，因此未使用杀虫剂。认为稻谷未出现虫害的主要原因在于：①采用了频振灯诱虫、杀虫；②通过水位控制措施抑制了害虫的繁殖；③部分害虫及其幼虫被稻田内的鳖、虾、鱼吃掉。

（4）本次种养中商品鳖的规格有差异较大，认为主要是后期天然饵料（螺蛳、小龙虾）不足造成的。因为鳖争食非常强，强者饱食、弱者饥饿。假如能适时补充天然饵料，商品鳖规格悬疏的问题将不会存在。

（5）本次种养中水稻产量和普通稻田相比未能实现增产，其主要原因在于：①挖环沟和田间沟占用了10%左右的稻田面积，导致水稻种植面积减少；②秧苗在7月18日栽插，时间偏晚，如果能将秧苗栽插时间提前1个月并采用沟边密植的栽植方式，充分利用边际效应，实现水稻增产是完全可能的。

（6）本次种养水稻移栽时间偏晚，此时鳖种已投放，机械耕作时造成了部分鳖种受伤，影响了鳖种的成活率。如果水稻能在鳖种下池前（6月10日前）移栽、适当增加鳖的放养密度并加大活螺蛳的投放量，鳖的产量提高到100千克以上是完全可能的，那样经济效益还将进一步提高。

（7）证明鳖虾鱼稻生态种养技术可以实现“一地多用、一举多得、一季多收”，对于恢复和保持良好的稻田生态系统，加快转变农业发展方式，促进农业可持续发展，为社会提供优质安全粮食和水产品，提高农业综合生产能力，增加农民收入，具有十分重要的意义。

稻田小龙虾甲鱼综合种养技术

利用种养品种之间共存共生、优势互补等特点，开展小龙虾-甲鱼-水稻健康综合种养技术的研究，取得了明显的效果。采用稻田共5亩，产出有机稻谷1 375千克，产值8 250元；小龙虾350千克，产值10 500元；甲鱼体重净增长了173千克，产值41 520元，亩产值合计12 054元，扣除甲鱼饲料成本等费用，亩均收益8 320元。

一、材料与方法

（一）选择稻田

选择水质清新无污染、水源充足、靠近水源的水田。水田土壤以沙壤土最好，不渗漏、保水力强。交通方便，便于运输，一般以5～8亩为宜。

（二）修整稻田

要对稻田进行修整、挖沟筑渠，做到沟渠相连、相互贯通。1月中旬开始，要在稻田内挖成“回”字形沟渠，围沟沿田埂内侧2米处开挖，围沟宽2～3米、深0.4～0.6米，围沟内也可以挖支沟，沟渠相通。种稻面积一般在40%～60%。

（三）防逃设施

为防止甲鱼、小龙虾外逃，在稻田四周加设防逃设施，如石棉瓦、水泥墙等。石棉瓦防逃设施制作方法：将1块石棉瓦折成等长度的3段，沿田埂中间铺设1周，石棉瓦与石棉瓦之间咬合要紧密，每块石棉瓦用2根木桩或竹片支撑，木桩在石棉瓦的外侧，以防甲鱼、小龙虾攀爬。石棉瓦上沿用铁丝或尼龙绳固定在木桩上，下沿埋入土里20～25厘米，并将石棉瓦向田内侧稍微倾斜，石棉瓦内外用土铺平夯实，防止甲鱼、小龙虾打洞逃逸。有条件的，最好在田埂四周铺设1层加厚的塑料薄膜，以防打洞逃逸。稻田内的进、排水口，位置设在对角线上，进、排水口套上聚乙烯网布，防止甲鱼、小龙虾从进、排水口逃跑以及杂物通过进、排水口进入稻田。

（四）培育水质

稻田在冬季一定要翻土，经过冬季的干冻日晒消毒后，2月上旬，每亩用茶籽饼15～20千克或用生石灰100～150千克进行消毒除害。2月中旬，将发酵腐熟的鸡粪800～1 000千克/亩做基肥使用。自3月中旬开始，根据稻田水体的浮游生物种群数量，可适当将发酵腐熟的鸡粪按25～200千克/亩分点堆放肥水，以达到培育水质的目的。

（五）放养小龙虾亲本

一般在3月初开始放养小龙虾亲本，直接放养发育成熟的抱卵虾，体重以40克为宜，一般每亩放养60只。应逐个挑选肢体完整、行动活泼、规格一致的大水面虾罾捕捞种虾做亲本。种虾亲本放养前要做过渡和消毒处理，逐步淋水，以适应稻田水温。用1.5%的食盐水浸泡5分钟，然后将虾缓缓分散放入田埂边，让其自行入水。

（六）种植水稻

2014年，选用了“丰两优1号”稻种。“丰两优1号”生长期长，植株高，抗倒伏。5月上旬催芽，每亩用种量为0.5～1.0千克，秧龄30天后，实行大垄双行栽植。利用甲鱼、小龙虾等生物作用，水稻整个生长周期不需要施加化肥和喷洒农药，处于自然条件下生长，生产的稻米属于有机稻米。

（七）放养甲鱼苗种

6月下旬，待水稻秧苗返青，根据环境温度适时烤田，然后加水。待到水稻分蘖后，将水加深至10～15厘米时，即可以将甲鱼苗种放入田内，平均亩投放250～400克/只的甲鱼300只，并用5%的食盐水浸洗消毒。

二、结果与收益

（1）该模式生产有机稻275千克/亩，若除去养殖沟渠面积，实际用于种稻面积仅有40%～60%。利用种养结合模式生产的有机稻均价为6元/千克，有机稻亩收入达到1 650元。

（2）小龙虾繁殖期一般在4月中旬至10月，通常在4～7月交配，5月为高峰期。小龙虾相对其他虾类怀卵数较少，1～2年的雌虾怀卵数在100～500粒，平均为200粒/尾。2年以上的雌虾怀卵量在500～1 000粒/尾。受精卵孵化期受水温影响非常大，当水温在24～30℃时，受精卵孵化率高，孵化期短。当水温低于22℃或高于32℃时，受精卵死亡脱落严重，孵化率低。小龙虾生长速度非常快，繁殖的虾苗经3～4个月的饲养，其规格就能到达8厘米左右，即可捕捞上市。一般情况下，每亩稻田能产小龙虾70千克，按每千克30元计算，每亩稻田养殖小龙虾收入为2 100元。

（3）用地笼起捕甲鱼，甲鱼个体重量在500～750克，成活率能达到75%。

商品甲鱼出售240元/千克，甲鱼苗种购进价格为160元/千克，扣除甲鱼苗种费用，亩收入约8 300元。

三、小结与分析

（1）稻田养小龙虾和甲鱼，能清除田中的杂草，防止土壤板结，促进水稻根系发育和分蘖，保持水质清新，防止因施肥等原因造成水质变坏，为害虫提供生长繁殖的场所和环境，具有清除大部分害虫如消灭稻叶蝉、螟虫、稻飞虱等功能。特别是水稻虫害较重时，可将稻田水位加高，让甲鱼能摄食稻秆和稻叶上的害虫而不需要使用药物杀虫。小龙虾和甲鱼的排泄物可供水稻吸收，促进水稻生长。同时，水稻为小龙虾和甲鱼的生长提供丰富的天然饵料和良好的栖息环境，互惠互利，相互依存，形成人工创造的生态小环境。

（2）“幼苗生病多或少，就看杀菌好不好”。对于抱卵小龙虾幼苗生长环境，稻田消毒杀菌尤为重要。该模式采用土壤深耕曝晒冷冻法，方法是在稻子收割后，将稻田沥水放干，然后深耕翻土，利用严冬低温和阳光曝晒，适量使用生石灰，达到杀死病菌的目的。

（3）水稻种植面积不能太大，行距、株距不能太小，否则影响小龙虾和甲鱼的生长环境，水稻尽量不施肥或少施肥，不能使用除草剂和各类杀虫药物，确保养殖安全和产品质量。根据水稻种植面积和稻田沟渠情况，一般采取农业机械化收割水稻，难度大且容易破坏养殖基础设施，因此，水稻收割多采用人工操作。因目前农村劳动力大量转移到城市务工，造成农村劳动力紧缺，人工收割水稻导致成本提高。

（4）饲养过程中，以投喂甲鱼饲料为主，小龙虾基本上不投饲料，但要防止小龙虾因饥饿剪短水稻幼苗。

稻田鳅虾生态混养技术

2014年，在河南省濮阳市范县黄河金鳅养殖示范基地进行稻田鳅虾生态混养技术探索，并取得了一定成效。

一、稻田的准备

选择弱酸性、降雨不溢水、面积为8～10亩的稻田，稻田池四周筑田埂，田埂要夯实，以防渗漏或坍塌，高出田面80厘米。并在离田埂1米左右的地方挖环沟，横截面为梯形，上口宽1.2米、下口宽1米，沟深50～70厘米，面积占稻田总面积的10%。池中间为稻田种植区，水深20～25厘米。并设防逃和防护设施，沿着田埂四周的内侧用石棉瓦建防护墙，下部埋入土中20厘米，上部高出田埂60～70厘米，成90°向内倾斜，瓦片用木桩和铁丝固定。3～4月对稻田进行清理消毒，方法是先将稻田水排干，检查有无漏洞，然后用生石灰清田。当池沟水深7～10厘米时，用生石灰75～150千克/亩加水溶化，趁热全面泼洒。

二、天然饵料培养

将猪粪晒干后，再进行无害化处理，放到沟内，厚5～7厘米，再铺6～8厘米壤土，在中间稻田种植区把猪粪粉碎后撒在种植区内。过3～5天待猪粪发酵，产生多种微生物和虫卵并培育出蚯蚓后，注入新水。注入的新水一定要用40目的纱网过滤，排水口也要用密网围住，以防止敌害侵入。在清明前投放螺蛳100～150克/亩，让其自然繁殖。螺蛳既可以作为小龙虾和泥鳅的天然饵料，还能摄食稻田中藻类和杂物，对水质也有一定的净化和调节作用。

三、苗种选择

（一）稻种选择

选择适宜沿黄地区生长的矮秆、抗病能力强、生长期较长的晚熟品种，作为稻田的种植品种。

（二）鳅种和小龙虾苗放养

选择范县黄河金鳅养殖示范基地繁育的泥鳅苗，放养规格为5厘米以上，要求体质强壮，大小均匀，无病无畸形。放养时间为水稻插秧后10天左右，这时泥鳅放养到稻田中，放养密度为75～100尾/米^2。放养前，要用4%～5%的食盐水浸泡5～10分钟消毒，以去除体表的寄生虫和预防水霉病的发生。鳅苗下稻田后，第一次开口摄食很重要，每天须泼洒2次豆浆；鳅苗下田5天后，每天的豆浆用量可增加至100米^{2}水面用豆浆0.75千克左右。泼浆时间为9:00、16:00各1次，10天后，减少投喂量。待泥鳅生长15～20天，再投放小龙虾苗，因为此时泥鳅已适应稻田的环境，不易被小龙虾伤害。要选择体质健壮、大小均匀、无伤残的小龙虾苗，体长3厘米的小龙虾苗种，放养密度为8 000～9 000尾/亩，适当投喂饲料，日投喂2次，上下午各1次。上午少投，傍晚多投，最好沿稻田四周边投喂，并坚持“四看”“四定”原则。

四、水质管理

稻田水以黄绿色为宜，酸碱度为中性或弱酸性。由于小龙虾对重金属、某些农药非常敏感，对此类药物应加以注意。前期天气温度低时，每3天测定水温，要及时观察和检测水中的溶解氧、氨氮、亚硝酸盐、pH、透明度，因为猪粪发酵会对水质产生影响，发现异常及时采取措施。注入适量的新水进行调节，保持水深在20～30厘米。水稻生长过程中，其根系对水质也有一定的调节作用。

五、饲养管理

泥鳅和小龙虾为杂食性鱼类。它们的饲料组成与水温有关，通常在水温10～15℃时开始摄食，日投喂2次，9:00、16:00各1次；摄食量为鱼体重的2%。25℃以下以植物性饲料为主，前期要适量投喂一些辅料，应投喂鱼粉、动物肝脏、蚕蛹、猪血（粉）等动物性饵料。将饵料均匀地撒在水稻种植区和环沟内，以后逐渐将饵料投放在固定的环沟内，让泥鳅和小龙虾养成在环沟内摄食，培养定时、定点、定量、定质取食的习惯，以利于泥鳅和小龙虾集中摄食，便于观察、了解它们的吃食情况和生长状态。一般以每次投饵后2小时内基本吃完为宜。

当水温达到25℃以上时，根据泥鳅和小龙虾摄食情况递减或少投。因为这时猪粪等肥料通过发酵，会在水中含有养分和浮游生物群，既可被泥鳅和小龙虾吞食，又培养出大量的浮游生物、虫卵、蚯蚓、螺蛳，给泥鳅和小龙虾提供既营养又健康喜食的饵料。泥鳅和小龙虾在稻田种植区活动时，可食水稻根部的虫卵和掉落到水面的成虫、稻花、嫩草和水稻的枯枝烂叶。

水稻既能为泥鳅和小龙虾提供优质饵料，又为栖息提供良好的环境。并且泥鳅和小龙虾之间也存在优胜淘汰，对病、残、伤鳅、虾进行劣汰，以提高鳅、虾的质量。通过稻田养殖泥鳅和小龙虾，既有对稻田进行除草保肥、生态杀虫的独特作用，从而降低水稻病虫害发生率，且能提高泥鳅和小龙虾的营养价值，增强了泥鳅和小龙虾的免疫力和抗病害能力，以形成稻田生态的良性循环。

六、收获方法

6～8月是小龙虾销售的旺季，可采用虾笼和地笼网陆续将达到商品规格的小龙虾捕捞销售（未达到规格的继续留在稻田内养殖）。10月左右是鳅肥的时节，这时逐渐放干稻田池中间种植区水，泥鳅逃到环沟内。因泥鳅有逗水特性，水温20℃时，在进水口的地方铺上网具，从进水口处放水，待一段时间后将网具提起捕捞泥鳅，进行销售。据统计，水稻、泥鳅和小龙虾的产值能达到20 000元/亩左右。采用这种生态养殖模式，既保护了生态环境，又生产了绿色水产品和绿色大米，具有较高的经济和社会效益。

稻田黄鳝泥鳅生态养殖技术

稻田养殖黄鳝、泥鳅，既有利水稻生长，提高水稻产量，又可收获一定数量的黄鳝、泥鳅，提高稻田的产出率和综合经济效益（每亩总收入可达2 000元左右），是一项一举两得的生态种养好项目。

一、稻田选择

稻田应选择水源充足，水质良好，排灌自如，安全可靠，旱涝保收，且通风、透光、土壤保水性能好的弱酸性土质田块。

二、稻田工程建设

首先，加高、加宽、加固田埂：田埂要高出田面0.5米以上，宽0.4米左右；夯实田埂要做到不漏水，并在田块进、排水口用密眼铁丝网罩好。其次，要平整好田块，四周开挖宽、深各0.4～0.55米的排水沟，田内开数条纵横沟，宽、深各0.3～0.4米，做到沟沟相通，形成井形字状，且沟系面积要占到稻田总面积的8%～10%。再次，翻耕、曝晒、粉碎泥土后，每亩施腐熟发酵的猪牛粪800～1 200千克做基肥（均匀撒于田块中）。在3月底、4月初，还要往进、排水沟施50～100千克熟化的鸡粪，注水0.3米深，以繁殖大型浮游动物，供鳝、鳅鱼摄食。

三、水稻栽培要求

选种高产、优质、耐肥、抗倒伏的杂交一季稻，插秧规格20厘米×26厘米，并确保与正常水稻栽培一样的基本苗数。

四、鳝、鳅苗放养

选择的鳝、鳅苗应无伤无病，游动活泼，规格整齐，体色为黄色或棕红色。一般每亩放养规格为30～50克/尾的鳝苗800～1 000尾，混养泥鳅要占到鳝苗总数的5%。苗种放养时温差不能过大，要用冷水均匀冲鳝苗，以避免鳝苗患“感冒”。

五、黄鳝饲养管理

要保持水质清新、肥活和溶解氧丰富。高温季节要适当加深水位，以利于黄鳝生长。暴雨时要及时排水，以防田水外溢，黄鳝逃跑。投喂动物性饵料一次不宜太多，以免败坏水质。夏季要勤检查食场，捞掉剩饵，剔除病鳝。

黄鳝是以肉食性为主的杂食性鱼类，特别喜食鲜活饵料，如小鱼、蚯蚓等，所以5～7天需投喂1次，投饵量为黄鳝总体重的30%～50%，投喂方法是把活小鱼等投入进、排水沟中，让黄鳝自由采食，并搭配一些蔬菜、麦麸等。黄鳝生长期间，也应投喂一些高蛋白质的配合饵料，分多个点投喂，以确保黄鳝均匀摄食。

根据黄鳝昼伏夜出的生活习性，初养阶段可在傍晚投饵，以后逐渐提早投喂时间，经过1～2周的驯养，即可形成每天9：00、14:00、18:00的3次定时投喂。每次投喂量，根据天气、水温及残饵多少灵活掌握，一般为黄鳝总体重的5%左右。要坚持“四定”“四看”投饵，以形成黄鳝集群摄食的生活习性。

六、田间管理

要协调好水稻田间管理与养殖黄鳝之间的关系，注意养殖黄鳝与水稻耕作制度的配合。在施农药时，宜施高效低毒农药，防止过多农药直接落入水面。

七、水质调节

黄鳝与水稻共同生活在一个环境，水质调节要根据水稻的生产需要兼顾黄鳝的生活习性。插秧初期，灌注新水，以扶苗活棵；水稻分蘖后期加深水层，控制无效分蘖，以利于黄鳝生长；黄鳝生长期间5～7天换新水1次，每次换水量为20%，并加深水位到10厘米。要及时调节水质，保持水质良好，特别在闷热的夏天，应注意黄鳝的行为变化。如黄鳝身体竖直，头伸出水面，表示水体缺氧，需加注新水增氧。

八、鳝病防治

鳝苗入田前，用3%～5%的食盐水浸浴5～10分钟，杀灭其体表病菌及体表寄生虫。黄鳝生长期间，每15天向田沟中泼洒石灰水1次，每立方米水体用生石灰10～15克化水泼洒。黄鳝养殖过程中，常发生的疾病有以下几种：①水霉病。鳝苗入田前，用3%～5%的食盐水浸浴鳝苗7～10分钟。②打印病。7月中旬易患打印病，要采用5毫克/升的漂白粉溶液全沟泼洒3天，以后每3天泼洒1次，效果良好。

九、注意事项

（1）加固田埂和防止渗漏，是黄鳝养殖成败的关键之一。有条件的养殖户，可用砖砌墙、水泥抹面，以防黄鳝打洞，使田埂渗漏。

（2）稻田里使用农药要有选择性，要选择对黄鳝基本无影响或影响不大的农药。黄鳝轻度中毒后，体表无明显症状，所以水稻田施用的农药要尽量避免黄鳝中毒。

（3）要营造良好的生态环境，减少黄鳝的应激反应，把好种苗投放和疾病防治关，提高黄鳝的成活率。

稻田沙塘鳢青虾共生技术

沙塘鳢隶属鲈形目、塘鳢科、沙塘鳢属。因其外体粗壮，头大而阔，身体浑圆可爱，行动温顺，又俗称呆子鱼、土布鱼、虎头鲨，是长江中下游常见的一种小型经济鱼类。其肉质细腻、味道鲜美，渐受广大消费者的青睐。近年来，市场价格一路攀升，已成为广大农民群众养殖致富的新品种、新路子。

随着沙塘鳢苗种人工繁育技术在安徽宣城市现代渔业有限公司获得成功突破，其人工养殖面积和产量迅速增长。但在开展集约化养殖的过程中，一定程度上导致沙塘鳢品质下降。为此，旌德县水产站开展了稻田沙塘鳢青虾共生技术试验。获得亩产稻谷335.8千克、沙塘鳢48.1千克、青虾22千克，亩养殖效益9 791.5元，亩利润4 010.6元。

一、材料与方法

（一）稻田的选择

开展养殖的稻田，选择位于旌德县三溪镇建强村狮子山水库下游的水田，水田面积9～16亩不等。9口水田总面积112.7亩，为上游小二型水库的核心灌溉区。土壤质底为中壤土，具一定的含沙量，适宜沙塘鳢和水稻的双重生长习性。

（二）田间工程

水田四面开挖水沟，沟深1～1.2米、宽视水田大小而定，即水沟面积约占总水田面积的2/5左右。取水沟土堆砌加高田埂，水沟向中央水稻种植区修坡面，坡度比为1∶4。水田四面开挖水沟时，预留3～5米宽的连接区。连接区最好临机耕路，以便人员和机械进入水稻种植区进行生产作业。

二、养殖过程

（一）苗种放养

所有田间改造工程、养殖准备工作，在2月底前结束。3月11日，将水位上升至1.2～1.4米，每亩用50千克生石灰消毒，1周后投放上年过冬青虾苗种，放养密度为2万尾/亩。4月6日，每亩施发酵有机肥100千克，沿水面岸边施堆施，堆肥一半浸于水中，堆肥上覆盖稻草或植物秸秆。10天后当车轮虫等微生物出现第一峰值时，投放沙塘鳢苗种。

长江中下游地区，沙塘鳢从3月中旬开始繁殖，4月中旬进入繁殖高峰期，7月结束。当第一批受精卵产出后，移入孵化池进行孵化，苗种在培育池中长到1～1.2厘米时，移入稻田。依照车轮虫出现峰值规律，4月17日、4月28日、5月10日分3批投放沙塘鳢苗种，每批投放量为2 000尾/亩，每亩总投放量控制在0.5万～0.6万尾（表1）。

表1　各塘口放养量

塘口		1	2	3	4	5	6	7	8	9	合计
面积（亩）		9.1	14.5	10	13.6	12.3	11.2	16	15.2	10.8	112.7
投放量	青虾(万尾)	18	29	20	27	25	22	32	30	21	224
	沙塘鳢(万尾)	5.2	9	5.5	7.4	6.2	5.8	8.2	8	5.5	60.8

（二）水稻种植

水稻品种选择Y两优6号，具抗倒伏、品质优、产量高等特点。由专人于4月14日集中育秧，5月26日移植完毕。移植方式为抛秧，移植规格尽量保持在为20厘米×25厘米，以利通风，防止稻瘟病的发生，有利水底生物接受阳光，促进新陈代谢。

（三）饲养管理

1. *水质管理* 饲养期间坚持早晚巡塘，观察稻田内沙塘鳢、青虾的摄食、生长和活动情况，遇到异常情况及时处理。沙塘鳢和青虾喜好清水，及时清理饲料残渣，在养殖期间尽量保持水质清洁，除放养前堆施的基肥外，养殖期间不施放任何肥料，保持池水透明度在30～50厘米，水体溶解氧在4毫克/升以上。除水稻种植外，在5月从徽水河中移植部分金鱼藻（节节草）或黑藻（灯笼草）到水面养殖区，移植面积不超过养殖水面的1/3，以提高水体净化能力，为沙塘鳢、青虾营造自然栖息的环境。

在饲养期间，同时要密切观察水质、天气和水温变化，及时加注新水，以控制水体透明度，营造沙塘鳢和青虾的良好生长环境。养殖期间按照水稻需水要求定期排出池水，加注新水，及时补充因自然蒸发的水体消耗量，保持水位在1.2米左右。夏季高温季节，视水质状况和温度适当加注新水，每次水体交换量控制在30%左右，以提高水体透明度和降低水温，促进沙塘鳢的生长。

2. *饵料管理* 沙塘鳢是典型的肉食性鱼类，喜吃动物性饵料。在天然水域中，沙塘鳢主要摄食虾和小型底层鱼类，兼食水生昆虫幼虫和螺等底栖动物，偶尔也残食同类。而体长在4厘米以下鱼苗阶段，以车轮虫、丰年虫、水蚯蚓等微生物为主。所以在整个养殖周期内，不专门投喂沙塘鳢饵料，但要把握好沙塘鳢的下塘时机，尽量在车轮虫、丰年虫等微生物繁殖高峰期下塘，提前做好微生物生长所需营养堆肥的投放。

沙塘鳢下塘1个月后长至4～5厘米，此时主要以稻田内的幼虾、小野杂鱼为饵，所以投喂工作以虾类为主。青虾饵料主投黄豆粉＋玉米粉，投喂量根据吃食情况和水温而定，一般占虾类总重量的5%～8%。6月后可升至10%，以有利于田间小野杂鱼的摄食生长和繁殖，充分提供沙塘鳢的生长所需的优质饵料。投喂时，将黄豆粉和玉米粉浸泡，手捏成团，沿水稻种植区斜坡均匀投喂。并严格遵循投饵“四定”原则，促进青虾的健康生长。

3. *病害防治* 沙塘鳢及青虾疾病防治，坚持“预防为主、防重于治”的方针。养殖期间对养殖水体和投饵区进行消毒，定期用生石灰、漂白粉或其他消毒剂对水体进行消毒，以杀灭水体中病原体。同时，定期测定pH、溶氧、氨氮、亚硝酸盐等，保持水体的pH在7.5左右，溶解氧大于4毫克/升。水体消毒剂以生石灰和漂白粉交替使用。实验地区水质和土质略偏酸性，使用生石灰不仅可以起到杀菌消毒的作用，还能调节水体pH，提高水体青虾生长所需的钙质含量。杀虫剂对水体微生动物和底栖生物有较强的杀伤力，会影响沙塘鳢和青虾的饵料组成和摄取量，故杀虫剂尽量少施或不施，只在6月和8月各用1次进行常规性预防杀虫，并且为混养型杀虫剂，以免造成青虾的过敏死亡。

4. *种植管理*　水稻自移栽后1个月，即6月中下旬进行烤田。烤田时，将水位下降至水稻种植区全部露出水面，烤田时间为5～7天。水稻在种植期不施农药和化肥，以吸收沙塘鳢、青虾的排泄物为肥料。9月中下旬开始排放池水，使水稻种植区全部露出水面，2周后使用水稻收割机进行机械收割。收割结束后，将池水加深至1.5米，以利沙塘鳢、青虾的后期生长。

三、结果

7月和9月，分两批用地笼诱捕部分青虾取大留小上市销售。10月4日所有水稻收割完成，12月9日起捕结束。共获得沙塘鳢5 117.5千克，青虾2 477.3千克，优质水稻37 843千克。其中，沙塘鳢最大个体74.3克，平均规格40.7克。试验总产值105.85万元，总成本60.65万元，利润45.2万元，利润率42.7%（表2）。

表2　各塘口收益情况

	塘口	1	2	3	4	5	6	7	8	9	合计
	面积	9.1	14.5	10	13.6	12.3	11.2	16	15.2	10.8	112.7
收获量	青虾(千克)	190.3	327.6	218.7	280.5	274.8	255.7	365.1	334.4	230.2	2 477.3
	沙塘鳢(千克)	407.1	644.5	452.2	605.6	561.4	536.5	717.4	687.6	505.2	5 117.5
	水稻(千克)	3 060	4 901	3 492	4 420	4 087	3 752	5 540	5 057	3 534	37 843
	效益(万元)	8.36	13.46	9.37	12.39	11.6	11	15.2	14.2	10.27	105.85
	成本(万元)	4.94	7.54	5.41	7.52	6.5	6.38	8.43	8.08	5.85	60.65
	利润(万元)	3.42	5.92	3.96	4.87	5.1	4.62	6.77	6.12	4.42	45.2
	平均利润（亩/万元）	0.376	0.408	0.396	0.358	0.415	0.413	0.423	0.403	0.409	0.401

对收获结果的数据进行收集整理，制作产量与面积的走势图如图1所示。从图1中可以看出，水稻、青虾、沙塘鳢三者总产量随稻田面积大小而波动。其中，青虾和水稻的产量比较稳定，沙塘鳢的产量随青虾的产量和水田面积双重因素的变化而波动，幅度较大，故沙塘鳢的产量在一定程度上取决于青虾的产量。青虾的产量越高，沙塘鳢的饵料越丰富，生长越快，产量越高。

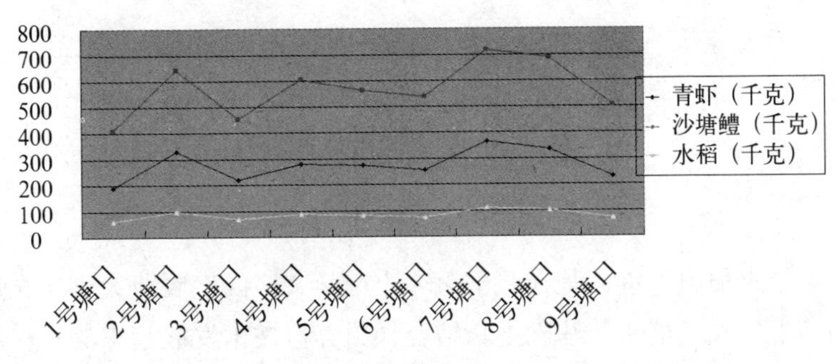

图1　各品种产量示意图

四、讨论

（1）沙塘鳢及青虾均喜清水，而水稻的种植能够有效转换和利用水体中水生生物的排泄物和饵料残渣，提高水体透明度，减少养殖过程中水体使用交换量，节约养殖用水，降低能源消耗，减少渔业污染排放。

（2）沙塘鳢在自然环境中最适宜生长水温为11～31℃，早期水稻未分蘖前不能有效遮蔽阳光，有利水体接受阳光照射，促使水温升高。随着水稻的生长和气温的升高，水稻可有效遮蔽阳光，降低盛夏高温季节的水体温度，为沙塘鳢提供良好的生长环境。同时，水稻种植区为青虾的生长、蜕皮提供躲避场所，能有效提高青虾生长速度和繁育量。徽水河特有鱼类国家级水产种质资源保护区临养殖试验区，沙塘鳢为保护区内主要保护对象。从徽水河中移植水草（灯笼草、节节草）的目的，主要是在稻田养殖区内营造沙塘鳢野生生活环境，为沙塘鳢提供自然的生活栖息环境，达到生态健康养殖的目的，从而有效确保沙塘鳢品质。

（3）本次采取生态有机方式进行，水稻不施农药和化肥，沙塘鳢不投喂任何人工饵料（以青虾野杂鱼为主要饵料，故产量、成活率和起捕规格均不高），青虾投喂的饵料为黄豆和玉米（因为需要对沙塘鳢提供充足的饵料，所以中途起捕量有所控制，产量较低），所有产品均为优质无公害产品，属低产高效饲养模式。在后期的销售环节中，可在扩大养殖规模的基础上，申报有机、绿色食品认证，创建品牌效益，形成高效渔业。或者在饲养期间，对沙塘鳢进行投饵驯化，投喂鱼糜、高蛋白颗粒饵料等，可有效提升沙塘鳢成活率、产量和上市规格。

（4）沙塘鳢青虾稻田共生养殖模式，不受养殖水面资源的限制，特别适合丘陵山区水面资源有限而稻田面积丰富的地区。在养殖过程中田间改造工程量较小，养殖区复垦容易，既不影响粮食生产，又不污染环境，高效节能，有着极大的推广空间和应用前景。

半旱式稻田养鱼技术

半旱式稻田养鱼，是在我国著名土壤学家、西南农业大学侯光炯教授创造的水稻“半旱式栽培法”基础上，结合稻田养鱼技术发展起来的一种新型稻田耕作制。实行这种耕作制，稻田不犁、不耙、不中耕、不施肥、不用农药，既能达到显著经济效益，又能改造烂泥、冷浸、深脚田。这种耕作制还有相当的灵活性，可以有所偏重。欲保证稻谷增产达500千克以上，鱼亩产一般在100～150千克；欲达鱼亩产250千克左右，则采用早稻，亩产也不低于300～350千克。

一、稻田的消毒和起垄

起垄前田中淹水1寸深，每亩用生石灰25千克遍洒田内，杀灭病菌和野杂草；如果田力较薄，可同时施加底肥，以利以后供鱼作饵料的生物繁殖生长。起垄分2次进行，需拉线开直。第一次在栽秧前10～15天；第二次在栽秧前2～3天，主要是清沟，加高垄埂。规格：垄与垄间隔53厘米；沟深23厘米，垄背宽20厘米，呈瓦背形，以免积水，沟底宽20厘米。以后，秧栽垄埂两侧。另外，需开挖大沟，便于鱼的活动和投放饵料。根据田的形状和大小，大沟可挖成“田”“回”等形状；宽66厘米左右，深至硬底止。

二、鱼苗的放养

（一）放养种类

1. 草鱼　又称鲩鱼、白鲩。草食性鱼类，生活在水的中下层。鱼苗阶段以吃浮游生物为主，成鱼阶段吃水草和其他植物性食物，如浮萍、苦草、菹草、轮叶黑藻和各种青草、瓜菜叶等。稻田饲养中也要食人工饵料，如麦麸、米糠、豆饼等。草鱼食量大、生长快，但抗病力差。

2. 鲢　又称白鲢。生活在水的中上层，善于跳跃，所以有的地方又叫“镖鱼”。以各种藻类浮游植物为主要食料，也滤食有机碎屑，摄取人工饵料。该鱼生长快、个体大。

3. 鳙　又名花鲢、胖头鱼。生活在水的中上层，性情温和，活动较迟钝，以食各种浮游动物为主，也摄取浮游植物、人工饵料。

4. **鲤** 有镜鲤、草鲤、荷包鲤、红鲤之分。生活在水的底层，幼苗阶段食浮游生物，成鱼阶段食杂食；喜食螺、蚬、蚌等软体动物和水生昆虫、藻类、浮萍以及有机碎屑等，也食人工饵料。该鱼适应性强，耐高温和污水，病害较少，生长快。

草鱼、鲢、鳙、鲤的共生关系。草鱼食量大，粪便多而有许多未经完全消化的食物随粪便排出，这就为培肥水质、滋生大量浮游生物提供了条件。同时，粪便中的部分有机质也是底层鱼的食料。鲢、鳙是以肥料为基础的“肥水鱼”，通过它们的摄食，间接消耗了肥水，使水质不致过肥，为其他鱼创造了一个无“污染”的水中空间环境。鲤在底层喜欢翻动腐草、淤泥觅食，这就加速了沉积底层肥料的分解，促进各种营养物质的循环。同时，鲤还要食用大量的腐败有机物，清除水底垃圾。

鱼、稻的相互关系。草鱼食去杂草、无效分蘖秧；施放大量有机肥。鲤拱松泥土，搅混田土，起中耕作用。鲢大量的活动加快水的流动循环，增加氧气。各种鱼均要食去部分水稻害虫，结果是通风透光，水稻生长旺盛，可免病虫害；鱼也得到理想的生长环境。

（二）放养鱼苗比例、规格、时间

放养比例一般为草鱼35%～40%、鲢30%、鳙5%、鲤25%～30%；投放总尾数要根据田力、秧苗、鱼苗大小来确定，每亩投放数大致在1 000～2 500尾。鱼苗的规格以10厘米左右为好，规格大，能够抵御外界条件的变化和敌害生物的侵袭，易成活，生长快。放苗时间，应根据鱼苗种类、大小分批进行：小规格的鱼、鲢、鳙、鲤可先放入；大规格的鱼、草鱼可迟放，尤其大规格草鱼，要待稻秧分蘖盛期后才放入。

草鱼的放养，是半旱式稻田养鱼实现高产的关键问题，要根据各地区及饲养中的具体情况而灵活处置。

三、种养管理

1. 水 总的来说管水分两期。第一期收稻前：刚栽秧后，淹过秧脚1指深，以利返青；随着秧苗的生长，谷秆长硬，分蘖完毕，有50厘米高时，水渐渐淹过秧脚16厘米；待稻子成熟发黄时，水深再增16厘米。收稻前后，正是“鱼长三伏”的重要阶段，水位不得降低。第二期收稻后：立即灌深水至1米左右。

稻期能普遍保持一定深度的水，后期必灌深水，是半旱式稻田养鱼的优点及其关键环节之一。能灌注并保持深水，防洪不可忽视，特别是山地丘陵区，要有

1条坚固而有130厘米以上高度的田坎。田坎可用石头砌成，略呈弓形。

2．食　由于鱼的多品种高密度混养，摄食较多，需投放人工饵料。喂食应根据稻（长势）、田（肥力）、鱼（种类、大小、多少）诸因素，取料方便，综合利用，让鱼都能吃好吃饱。饵料除前讲到的外，其他还有处理过的人畜粪便，废弃的有机物质、生活污水等。每天固定时间投放2～3次。

3．病　鱼的病主要在防。水深50～66厘米，亩用生石灰5千克，盐2.5千克化成水（石灰不要沉底的渣滓），或漂白粉0.25千克化成水，每周遍洒稻田1次，对防治白头白嘴病、赤皮病、烂鳃病、肠炎病、打印病、出血病等都有满意效果。同时，这些药液还能杀灭秧田中的害虫、野杂鱼、青泥苔、水网藻等；中和泥中的腐殖酸和水中二氧化碳，促进浮游生物的繁殖和水中物质代谢，提高各种营养元素的利用率。

在稻田中养殖的水产品种及其生物学特性

实践证明，养殖品种选择是稻田种养成败和经济效益高低的关键，养殖者必须根据地理位置、设施条件、市场行情、经济实力、苗种来源和技术水平等综合因素，因地制宜地选择适合的养殖品种，以期达到促进水稻种植和水生动物养殖高产、高效和可持续发展的目的。

一、常规鱼类

1. 鲫　鲫营养丰富，肉味鲜美，适应性强，生长快，易饲养，是适宜在稻田中养殖的优选品种之一。鲫食性广，能摄食稻田中硅藻、枝角类、底栖动物、植物茎叶和种子及有机碎屑等。鲫的品种较多，主要有方正银鲫、异育银鲫、彭泽鲫和湘云鲫等。稻田养殖可放养5厘米以上的鲫夏花300～500尾/亩，或放养尾重50克左右的1龄鱼种200尾/亩，同时，可搭配放养少量鲢、鳙和草鱼鱼种。

2. 鲤　鲤具有生长速度快、适应性和抗病力强的特点，因其较低的价位，在我国北方有广阔而稳定的市场。鲤是典型的杂食性鱼类，食性与鲫相似，在稻田中养殖可进行稻鱼轮作，即稻田种一季稻，养一季鱼。稻田可养食用鱼，也可养鱼种，还可进行鲤的产卵、孵化，在养殖方法上可单养，也可以混养。养鱼种一般放养3～4厘米夏花1万尾/亩，养成鱼一般放养大规格鱼种200～250尾/亩。

3. 罗非鱼　罗非鱼原产于非洲，是一种热带中小型鱼类，具有生命力强、生长快、食性杂和抗病力强等特点，且肉质白嫩鲜美，无肌间刺，营养价值较好。稻田养殖罗非鱼，一般放养冬片鱼种500尾/亩左右，或当年夏花800～1 000尾/亩。罗非鱼不耐低温，在长江流域生长期，通常从4月上中旬至10月中旬，当水温降到14℃以下就会冻死。

4. 鲢、鳙　鲢，又名白鲢。属于典型的滤食性鱼类，终生以浮游生物为食，在鱼苗阶段主要吃浮游动物，长至1.5厘米以上时逐渐转为吃浮游植物。鳙，又名花鲢，食物以浮游动物为主。鲢、鳙都具有生长快、疾病少的特点，在稻田中一般作为套养品种，不需要专门投喂饲料。

二、虾蟹类

1. 青虾　青虾学名日本沼虾，又名河虾等，是我国和日本特有的淡水虾类，也是市场十分畅销的本土虾种之一。青虾在我国分布很广，具有杂食性、食物来源广和苗种容易获得、繁殖力强等特点。稻田中养殖青虾可自繁苗种，一般放养体长6～8厘米的抱卵亲虾0.5千克/亩，让其在稻由中自繁、自育、自养。如果放养虾苗，可在6月中旬放养1.5～2厘米的春繁苗1.5万～2万尾/亩。

2. 小龙虾　小龙虾适应性广，繁殖力强，食性杂，动、植物性食物都吃。小龙虾生长速度较快，春季繁殖的虾苗，一般经2～3个月的饲养，就可达到规格为8厘米以上的商品虾。初次养殖，一般8月中旬至9月上旬投放15千克/亩亲虾，亲虾与水稻共作时间30～40天。小龙虾适宜进行稻虾轮作，一般在当年水稻收割后的10月上旬至翌年6月上旬养殖小龙虾，6月中旬至9月底种植水稻。5～6月上旬，用地笼捕捞小龙虾，留下部分规格较大的小龙虾苗种与水稻共作，作为后备亲虾培育。

3. 南美白对虾或罗氏沼虾　南美白对虾和罗氏沼虾都属热带虾种，最适生长温度为22～32℃，18℃以下摄食明显下降，15℃以下停止摄食，9℃以下出现死亡。南美白对虾和罗氏沼虾是杂食性偏动物性虾种，对饵料的营养要求低，饵料粗蛋白含量25%～30%就可满足要求。一般在稻田秧苗返青后放养虾苗，放养量为2 000～5 000尾/亩。

4. 河蟹　稻田养蟹适宜培育蟹种，商品蟹养殖因个体小、体色差，一般不提倡。利用稻田培育蟹种，能达到稻蟹共生、相互促进的目的，是生态高效种植、养殖结合的较佳模式。放养时间一般在5月中旬前。蟹苗先在环沟中培育1个月左右，放养量按养殖稻田计算为1.5～2千克/亩。水稻收割后稻田灌满水，进行蟹种越冬前和越冬期管理，翌年2～3月捕捞蟹种销售。

三、其他水产品

1. 黄鳝　黄鳝又名鳝鱼、长鱼等，为穴居性鱼类，对环境的适应力较强，多栖于静水湖泊、河沟、稻田和池塘的浅水区。黄鳝是一种以动物性食物为主的杂食性鱼类，喜食活饵，性贪食，耐饥。稻田养殖黄鳝，宜投放无病无伤、规格整齐，体色为黄色或棕红色的苗种，一般放养规格30～50克/尾的鳝种800～1 000尾/亩。同时，套养5%的泥鳅，因泥鳅上下蹿动，可增加溶氧和防止黄鳝相互缠绕。

2. 泥鳅　泥鳅俗称鳅鱼。属典型的杂食性鱼类，幼鱼时以水生昆虫、小型甲壳类、水蚯蚓等动物性饵料为食；成鱼时喜食植物性食物，如水生植物种子、嫩芽，藻类以及淤泥中的腐殖质等。稻田养殖成鳅，一般鳅种放养密度为10～20千克/亩；稻田鳅苗培育，一般放养泥鳅水花5万～10万尾/亩。

3. 中华鳖　在稻田中养鳖，具有适应性强、病害少、生长速度快等优点。同时，水稻与中华鳖共生种养，对中华鳖来说类似于野生状态，市场销价高。鳖苗种在水稻插秧20天后进行投放，为了能在鳖冬眠前或春节前后达到较大的上市规格，投放鳖种规格应在400～450克/只，放养密度为200只/亩。

图书在版编目（CIP）数据

稻渔综合种养技术汇编 / 中国水产杂志社编.—北京：中国农业出版社，2017.5（2018.1重印）
ISBN 978-7-109-22410-0

Ⅰ.①稻… Ⅱ.①中… Ⅲ.①水稻栽培②稻田养鱼 Ⅳ.①S511②S964.2

中国版本图书馆CIP数据核字（2016）第278357号

中国农业出版社出版
（北京市朝阳区麦子店街18号楼）
（邮政编码 100125）
责任编辑 林珠英

三河市君旺印务有限公司印刷 新华书店北京发行所发行
2017年5月第1版 2018年1月河北第2次印刷

开本：700mm × 1000mm 1/16 印张：13
字数：300千字
定价：38.00元